住房和城乡建设部标准定额研究所　　　　建设工程造价技术资料

市政工程消耗量

ZYA 1-31-2021

第四册　隧道工程

SHIZHENG GONGCHENG XIAOHAOLIANG

DI-SI CE SUIDAO GONGCHENG

中国计划出版社

北　京

图书在版编目（CIP）数据

市政工程消耗量 : ZYA1-31-2021. 第四册, 隧道工
程 / 住房和城乡建设部标准定额研究所组织编制. -- 北
京 : 中国计划出版社, 2022.2
ISBN 978-7-5182-1375-7

Ⅰ. ①市… Ⅱ. ①住… Ⅲ. ①市政工程－消耗定额－
中国②隧道工程－消耗定额－中国 Ⅳ. ①TU723.34
②U45

中国版本图书馆CIP数据核字(2021)第250873号

责任编辑:张　颖　　　　封面设计:韩可斌
责任校对:王　巍　　　　责任印制:赵文斌　李　晨

中国计划出版社出版发行

网址:www.jhpress.com

地址:北京市西城区木樨地北里甲 11 号国宏大厦 C 座 3 层

邮政编码:100038　电话:(010)63906433(发行部)

北京市科星印刷有限责任公司印刷

880mm×1230mm　1 /16　12.5印张　368 千字

2022 年 2 月第 1 版　2022 年 2 月第 1 次印刷

定价: 85.00 元

前　言

　　工程造价是工程建设管理的重要内容。以人工、材料、机械消耗量分析为基础进行工程计价,是确定和控制工程造价的重要手段之一,也是基于成本的通用计价方法。长期以来,我国建立了以施工阶段为重点,涵盖房屋建筑、市政工程、轨道交通工程等各个专业的计价体系,为确定和控制工程造价、提高我国工程建设的投资效益发挥了重要作用。

　　随着我国工程建设技术的发展,新的工程技术、工艺、材料和设备不断涌现和应用,落后的工艺、材料、设备和施工组织方式不断被淘汰,工程建设中的人材机消耗量也随之发生变化。2020年我部办公厅发布《工程造价改革工作方案》(建办标〔2020〕38号),要求加快转变政府职能,优化概算定额、估算指标编制发布和动态管理,取消最高投标限价按定额计价的规定,逐步停止发布预算定额。为做好改革期间的过渡衔接,在住房和城乡建设部标准定额司的指导下,我所根据工程造价改革的精神,协调2015年版《房屋建筑与装饰工程消耗量定额》《市政工程消耗量定额》《通用安装工程消耗量定额》的部分主编单位、参编单位以及全国有关造价管理机构和专家,按照简明适用、动态调整的原则,对上述专业的消耗量定额进行了修订,形成了新的《房屋建筑与装饰工程消耗量》《市政工程消耗量》《通用安装工程消耗量》,由我所以技术资料形式印刷出版,供社会参考使用。

　　本次经过修订的各专业消耗量,是完成一定计量单位的分部分项工程人工、材料和机械用量,是一段时间内工程建设生产效率社会平均水平的反映。因每个工程项目情况不同,其设计方案、施工队伍、实际的市场信息、招投标竞争程度等内外条件各不相同,工程造价应当在本地区、企业实际人材机消耗量和市场价格的基础上,结合竞争规则、竞争激烈程度等参考选用与合理调整,不应机械地套用。使用本书消耗量造成的任何造价偏差由当事人自行负责。

　　本次修订中,各主编单位、参编单位、编制人员和审查人员付出了大量心血,在此一并表示感谢。由于水平所限,本书难免有所疏漏,执行中遇到的问题和反馈意见请及时联系主编单位。

住房和城乡建设部标准定额研究所

2021 年 11 月

总 说 明

一、《市政工程消耗量》（以下简称本消耗量），共分十一册，包括：

第一册 土石方工程

第二册 道路工程

第三册 桥涵工程

第四册 隧道工程

第五册 市政管网工程

第六册 水处理工程

第七册 生活垃圾处理工程

第八册 路灯工程

第九册 钢筋工程

第十册 拆除工程

第十一册 措施项目

二、本消耗量适用于城镇范围内的新建、扩建和改建市政工程。

三、本消耗量以国家和有关部门发布的国家现行设计规范、施工验收规范、技术操作规程、质量评定标准、产品标准和安全操作规程，现行工程量清单计价规范、计算规范和有关指标为依据编制，并参考了有关地区和行业标准、指标，以及典型工程设计、施工和其他资料。

四、本消耗量按正常施工工期和施工条件，考虑企业常规的施工工艺，合理的施工组织设计进行编制。

1. 设备、材料、成品、半成品、构配件完整无损，符合质量标准和设计要求，附有合格证书和试验记录。

2. 正常的气候、地理条件和施工环境。

五、本消耗量未包括的项目，可按其他相应工程消耗量计算，如仍有缺项的，应编制补充消耗量。

六、关于人工：

1. 本消耗量中的人工以合计工日表示，并分别列出普工、一般技工和高级技工的工日用量。

2. 本消耗量中的人工包括基本用工、超运距用工、辅助用工和人工幅度差。

3. 本消耗量中的人工每工日按 8 小时工作制计算。

4. 机械土石方、桩基础、构件运输及安装等工程，人工随机械产量计算的，人工幅度差按机械幅度差计算。

七、关于材料：

1. 本消耗量中的材料（包括构配件、零件、半成品、成品）均为符合国家质量标准和相应设计要求的合格产品。

2. 本消耗量中的材料包括施工中消耗的主要材料、辅助材料、周转材料和其他材料。

3. 本消耗量中的材料用量包括净用量和损耗量。损耗量包括：从工地仓库、现场集中堆放地点（或现场加工地点）至操作（或安装）地点的施工场内运输损耗、施工操作损耗、施工现场堆放损耗等，规范（设计文件）规定的预留量、搭接量不在损耗率中考虑。

4. 本消耗量中的混凝土、沥青混凝土、砌筑砂浆、抹灰砂浆及各种胶泥等均按半成品用量以体积（m³）表示，混凝土按运至施工现场的预拌混凝土编制，砂浆按预拌砂浆编制，消耗量中的混凝土均按自然养护考虑。

5. 本消耗量中所使用的混凝土均按预拌混凝土编制，若实际采用现场搅拌混凝土浇捣时，人工、材料、机械具体调整如下：

（1）合计工日增加 4.125 工日 /10m³，其中普工增加 1.237 工日 /10m³，一般技工增加 2.888 工日 /10m³。

（2）水增加 0.38m³/10m³。

（3）双锥反转出料混凝土搅拌机（500L）增加 0.3 台班 /10m³。

6. 本消耗量中所使用的砂浆均按干混预拌砂浆编制，若实际使用现拌砂浆或湿拌预拌砂浆时，按以下方法调整：

（1）使用现拌砂浆的，除将干混预拌砂浆调换为现拌砂浆外，砌筑项目按每立方米砂浆增加：一般技工 0.382 工日、200L 灰浆搅拌机 0.167 台班，同时，扣除原干混砂浆罐式搅拌机台班；其余项目按每立方米砂浆增加一般技工 0.382 工日，同时，将原干混砂浆罐式搅拌机调换为 200L 灰浆搅拌机，台班含量不变。

（2）使用湿拌预拌砂浆的，除将干混预拌砂浆调换为湿拌预拌砂浆外，另按相应项目中每立方米砂浆扣除人工 0.20 工日，并扣除干混砂浆罐式搅拌机台班数量。

7. 本消耗量中的周转性材料按不同施工方法，不同类别、材质，计算出一次摊销量进入消耗量。

8. 本消耗量中的用量少、低值易耗的零星材料，列为其他材料。

八、关于机械：

1. 本消耗量中的机械按常用机械、合理机械配备和施工企业的机械化装备程度，并结合工程实际综合确定。

2. 本消耗量的机械台班用量是按正常机械施工工效并考虑机械幅度差综合取定的。

3. 凡单位价值 2 000 元以内、使用年限在一年以内的不构成固定资产的施工机械，不列入机械台班消耗量，作为工具用具在建筑安装工程费中的企业管理费考虑，其消耗的燃料动力等列入材料。

九、本消耗量中的工作内容已说明了主要的施工工序，次要工序虽未说明，但已包括在内。

十、施工与生产同时进行、在有害身体健康的环境中施工时的降效增加费，本消耗量未考虑，发生时另行计算。

十一、本消耗量适用于海拔 2 000m 以下地区，超过上述情况时，可以采用由各地区、部门结合高原地区的特殊情况自行制定的调整办法。

十二、本消耗量中注有"××以内"或"××以下"及"小于"者，均包括 ×× 本身；注有"×× 以外"或"×× 以上"及"大于"者，则不包括 ×× 本身。

说明中未注明（或省略）尺寸单位的宽度、厚度、断面等，均以"mm"为单位。

十三、凡本说明未尽事宜，详见各册、各章说明和附录。

册 说 明

一、第四册《隧道工程》(以下简称"本册"),由矿山法隧道(第一～第三章)和盾构法隧道(第四～第七章)组成,矿山法隧道包括隧道开挖与出渣、隧道衬砌、临时工程,盾构法隧道包括盾构法掘进、垂直顶升、隧道沉井、地下混凝土结构,共七章。

二、本册矿山法隧道项目适用于城镇范围内新建、扩建和改建的各种车行隧道、人行隧道、给排水隧道及电缆(公用事业)隧道中采用矿山法施工的隧道工程;盾构法隧道项目适用于城镇范围内新建、扩建的各种车行隧道、人行隧道、越江隧道、给排水隧道及电缆(公用事业)隧道中采用盾构法施工的隧道工程。

三、本册的编制依据:

1.《市政工程工程量计算规范》GB 50857—2013;

2.《市政工程消耗量定额》ZYA 1-31-2015;

3.《建设工程劳动定额 – 市政工程 隧道工程》LD/T 99.12—2008;

4.《爆破工程消耗量定额》GYD-102-2008;

5.《城市轨道交通工程预算定额》GCG 103—2008;

6. 相关省、市行业现行的市政工程、城市轨道交通工程预算定额及基础资料。

四、矿山法隧道定额的围岩级别按《公路隧道设计规范 第一册 土建工程》JTG 3370.1—2018进行分级,包括围岩Ⅰ级、围岩Ⅱ级、围岩Ⅲ级、围岩Ⅳ级、围岩Ⅴ级、围岩Ⅵ级。盾构法隧道定额适用于全地层掘进。

五、本册中混凝土均按预拌混凝土编制。盾构法掘进过程中使用的混凝土,其从井口到浇捣现场的输送工作内容,已包含在相应定额内。

六、本册临时工程中的风、水、电项目只适用于矿山法隧道工程。盾构法隧道风、水、电的消耗量已包含在相应项目中。

七、本册未编制的洞内项目,执行市政工程其他册或其他专业工程消耗量相应项目时,相应人工、机械乘以系数1.20。

八、本册说明未尽事宜,详见各章节说明。

目　录

第七章　地下混凝土结构

第一章　隧道开挖与出渣

说　明

一、本章包括钻爆开挖、非爆开挖、出渣等项目。

二、平洞开挖消耗量适用于开挖坡度在5°以内的洞;斜井开挖消耗量适用于开挖坡度在90°以内的井;竖井开挖消耗量适用于开挖垂直度为90°的井。

三、平洞开挖与出渣不分洞长均执行本消耗量。斜井开挖与出渣适用于长度在100m内的斜井;竖井开挖与出渣适用于长度在50m内的竖井。长度超过适用范围的斜井、竖井,其费用另行计算。

四、平洞开挖消耗量的洞长按单头掘进考虑,单头掘进长度超过1 000m时,增加的人工和机械消耗量另按相应项目执行。

五、本章已综合考虑平洞开挖的不同施工方法、斜井的上行和下行开挖方式、竖井的正井和反井开挖方式。

六、洞内地沟爆破开挖消耗量,只适用于独立开挖的地沟,不适用于非独立开挖的地沟。

七、本章钻爆开挖消耗量已包含爆破材料(乳化炸药、非电毫秒雷管、导爆索)的现场运输用工消耗。因按相关部门规定要求配送而发生的配送费用,发生时另行计算。

八、悬臂掘进机开挖消耗量作为参考项目,适用于采用EBZ318H岩巷掘进机开挖的岩石隧道。消耗量不包括变压器的相关费用,发生时另行计算。单头开挖长度超过100m时,掘进机电缆移动所发生的人工和机械费用另行计算。

九、出渣消耗量已综合岩石类别。

十、平洞出渣的"人力、机械装渣,轻轨斗车运输"消耗量,已综合考虑坡度在2.5%以内重车上坡的工效降低因素。

十一、平洞、斜井和竖井出渣,出洞后改变出渣运输方式的,执行第一册《土石方工程》相应项目。

十二、平洞弃渣通过斜井或竖井出渣时,应分别执行平洞出渣及平洞弃渣经斜井或竖井出渣相应项目。

十三、竖井出渣项目已包含卷扬机和吊斗消耗量,不含吊架消耗量,吊架费用按批准的施工组织设计另行计算。

十四、斜井出渣项目已综合考虑出渣方向,无论实际向上或向下出渣均按本消耗量执行。从斜井底通过平洞出渣的,其平洞段的运输应执行相应的平洞运输项目。

十五、斜井和竖井出渣消耗量,均包括出洞口后50m的运输。若出洞口后运距超过50m,运输方式未发生变化的,超过部分执行平洞出渣超运距相应项目;运输方式发生变化的,按变化后的运输方式执行相应项目。

十六、本章按无地下水编制(不含施工湿式作业积水),如果施工出现地下水时,积水的排水费用和施工的防水措施费用另行计算。

十七、本章未包括隧道施工过程中发生的地震、瓦斯、涌水、流沙、突泥、坍塌、溶洞及大量地下水处理等特殊情况造成的停窝工及处理措施相应费用,发生时另行计算。

十八、隧道洞口以外工程项目和明洞开挖项目,执行市政工程其他册相应项目。

工程量计算规则

一、隧道的平洞、斜井和竖井开挖与出渣工程量,按设计图示断面尺寸加允许超挖量以体积计算。设计有开挖预留变形量的,预留变形量和允许超挖量不得重复计算。设计预留变形量大于允许超挖量的,允许超挖量按预留变形量确定;设计预留变形量小于或等于允许超挖量的,允许超挖量按下表确定。

允许超挖量表(mm)

名称	拱部	边墙	仰拱
钻爆开挖	150	100	100
非爆开挖	50	50	50
掘进机开挖	120	80	80

二、隧道内地沟开挖和出渣工程量,按设计地沟断面尺寸以体积计算。

三、平洞出渣的运距,按装渣重心至卸渣重心的距离计算。其中洞内段按洞内轴线长度计算,洞外段按洞外运输线路长度计算。

四、斜井出渣的运距,按装渣重心至斜井口摘钩点的斜距离计算。

五、竖井的提升运距,按装渣重心至井口吊斗摘钩点的垂直距离计算。

一、平洞钻爆开挖

工作内容：选孔位、钻孔、装药、放炮、安全处理、爆破材料的领退。 计量单位：100m³

编　号			4-1-1	4-1-2	4-1-3	4-1-4	4-1-5	4-1-6
项　目			断面 4m² 以内					
			I级	II级	III级	IV级	V级	VI级
名　称		单位	消　耗　量					
人工	合计工日	工日	111.159	87.552	64.820	49.683	51.988	102.609
	其中 普工	工日	66.696	52.532	38.892	29.810	31.194	61.565
	一般技工	工日	44.463	35.020	25.928	19.873	20.795	41.044
材料	乳化炸药	kg	328.250	262.600	218.833	168.333	124.691	—
	非电毫秒雷管	发	510.831	476.776	397.313	366.750	339.584	—
	导爆索	m	119.029	111.093	92.578	85.456	79.126	—
	铜芯塑料绝缘软电线 BVR-2.5mm²	m	63.740	63.740	63.740	63.740	63.740	—
	合金钢钻头一字型	个	27.018	19.306	13.034	12.031	11.140	—
	六角空心钢 ϕ22~25	kg	42.915	30.666	20.703	19.111	17.695	16.493
	高压风管 ϕ25-6P-20m	m	6.613	5.050	3.561	2.849	3.043	—
	高压胶皮水管 ϕ19-6P-20m	m	6.613	5.050	3.561	2.849	3.043	—
	水	m³	66.127	50.497	35.607	28.486	30.433	—
	电	kW·h	40.486	28.931	19.531	18.029	16.693	—
	其他材料费	%	1.50	1.50	1.50	1.50	1.50	1.50
机械	气腿式风动凿岩机	台班	41.146	31.420	22.155	17.724	18.936	—
	风动锻钎机	台班	0.931	0.665	0.449	0.415	0.384	—
	电动空气压缩机 10m³/min	台班	17.825	13.585	9.568	7.687	8.176	—

工作内容: 选孔位、钻孔、装药、放炮、安全处理、爆破材料的领退。　　　　　　　计量单位:100m³

编　号			4-1-7	4-1-8	4-1-9	4-1-10	4-1-11	4-1-12
项　目			断面 4m² 以内					
			洞长 1 000m 以上,每 1 000m 增加人工、机械					
			Ⅰ级	Ⅱ级	Ⅲ级	Ⅳ级	Ⅴ级	Ⅵ级
名　称		单位	消 耗 量					
人工	合计工日	工日	2.646	2.085	1.544	1.183	1.237	2.795
	其中 普工	工日	1.588	1.250	0.926	0.710	0.742	1.677
	一般技工	工日	1.059	0.834	0.618	0.473	0.495	1.118
机械	气腿式风动凿岩机	台班	0.490	0.374	0.264	0.211	0.225	—
	电动空气压缩机 10m³/min	台班	0.569	0.433	0.305	0.245	0.261	—

工作内容: 选孔位、钻孔、装药、放炮、安全处理、爆破材料的领退。　　　　　　　计量单位:100m³

编　号			4-1-13	4-1-14	4-1-15	4-1-16	4-1-17	4-1-18
项　目			断面 6m² 以内					
			Ⅰ级	Ⅱ级	Ⅲ级	Ⅳ级	Ⅴ级	Ⅵ级
名　称		单位	消 耗 量					
人工	合计工日	工日	98.891	78.481	57.673	44.254	46.292	89.226
	其中 普工	工日	59.335	47.089	34.604	26.553	27.775	53.536
	一般技工	工日	39.556	31.392	23.068	17.701	18.517	35.690
材料	乳化炸药	kg	290.375	232.300	193.583	148.910	110.304	—
	非电毫秒雷管	发	417.178	389.366	324.472	299.513	277.327	
	导爆索	m	105.307	98.287	81.906	75.605	70.005	—
	铜芯塑料绝缘软电线 BVR-2.5mm²	m	52.306	52.306	52.306	52.306	52.306	
	合金钢钻头一字型	个	23.903	17.081	11.531	10.644	9.856	
	六角空心钢 φ22~25	kg	37.968	27.131	18.316	16.907	15.655	14.993
	高压风管 φ25-6P-20m	m	5.850	4.468	3.150	2.520	2.692	
	高压胶皮水管 φ19-6P-20m	m	5.850	4.468	3.150	2.520	2.692	
	水	m³	58.504	44.676	31.502	25.202	26.925	
	电	kW·h	35.819	25.596	17.280	15.950	14.769	
	其他材料费	%	1.50	1.50	1.50	1.50	1.50	1.50
机械	气腿式风动凿岩机	台班	36.402	27.798	19.601	15.681	16.753	—
	风动锻钎机	台班	0.824	0.589	0.397	0.367	0.340	
	电动空气压缩机 10m³/min	台班	15.770	12.019	8.465	6.800	7.235	—

工作内容:选孔位、钻孔、装药、放炮、安全处理、爆破材料的领退。　　　　　　计量单位:100m³

编　号			4-1-19	4-1-20	4-1-21	4-1-22	4-1-23	4-1-24
项　目			断面 6m² 以内					
			洞长 1 000m 以上,每 1 000m 增加人工、机械					
			Ⅰ级	Ⅱ级	Ⅲ级	Ⅳ级	Ⅴ级	Ⅵ级
名　称		单位	消　耗　量					
人工	合计工日	工日	2.354	1.868	1.373	1.054	1.102	2.541
	其中 普工	工日	1.413	1.121	0.824	0.633	0.661	1.525
	一般技工	工日	0.941	0.747	0.549	0.421	0.441	1.016
机械	气腿式风动凿岩机	台班	0.433	0.331	0.233	0.187	0.199	—
	电动空气压缩机 10m³/min	台班	0.503	0.383	0.270	0.217	0.231	—

工作内容:选孔位、钻孔、装药、放炮、安全处理、爆破材料的领退。　　　　　　计量单位:100m³

编　号			4-1-25	4-1-26	4-1-27	4-1-28	4-1-29	4-1-30
项　目			断面 10m² 以内					
			Ⅰ级	Ⅱ级	Ⅲ级	Ⅳ级	Ⅴ级	Ⅵ级
名　称		单位	消　耗　量					
人工	合计工日	工日	85.070	67.803	49.505	38.110	39.882	77.588
	其中 普工	工日	51.042	40.682	29.703	22.866	23.929	46.553
	一般技工	工日	34.027	27.121	19.802	15.244	15.953	31.035
材料	乳化炸药	kg	252.500	202.000	168.333	129.487	95.916	—
	非电毫秒雷管	发	336.731	314.282	261.902	241.755	277.327	—
	导爆索	m	98.077	91.538	76.282	70.414	70.005	—
	铜芯塑料绝缘软电线 BVR-2.5mm²	m	36.414	36.414	36.414	36.414	52.306	—
	合金钢钻头—字型	个	20.778	14.847	10.024	9.253	9.856	—
	六角空心钢 φ22~25	kg	33.004	23.584	15.922	14.697	15.655	13.630
	高压风管 φ25-6P-20m	m	5.085	3.883	2.738	2.191	2.340	—
	高压胶皮水管 φ19-6P-20m	m	5.085	3.883	2.738	2.191	2.340	—
	水	m³	50.855	38.834	27.383	21.907	23.405	—
	电	kW·h	31.136	22.249	15.020	13.865	19.257	—
	其他材料费	%	1.50	1.50	1.50	1.50	1.50	1.50
机械	气腿式风动凿岩机	台班	31.643	24.164	17.038	13.631	14.563	—
	风动锻钎机	台班	0.716	0.512	0.345	0.319	0.340	—
	电动空气压缩机 10m³/min	台班	13.708	10.448	7.358	5.911	6.289	—

工作内容:选孔位、钻孔、装药、放炮、安全处理、爆破材料的领退。　　　　　　　　　　计量单位:100m³

编　号			4-1-31	4-1-32	4-1-33	4-1-34	4-1-35	4-1-36
项　目			断面 10m² 以内					
			洞长 1 000m 以上,每 1 000m 增加人工、机械					
			Ⅰ级	Ⅱ级	Ⅲ级	Ⅳ级	Ⅴ级	Ⅵ级
名　　称		单位	消　耗　量					
人工	合计工日		工日	2.026	1.615	1.178	0.907	—	2.202
	其中	普工	工日	1.215	0.968	0.707	0.544	—	1.321
		一般技工	工日	0.811	0.646	0.471	0.363	—	0.881
机械	气腿式风动凿岩机		台班	0.377	0.288	0.203	0.162	0.173	—
	电动空气压缩机 10m³/min		台班	0.437	0.333	0.235	0.189	0.201	—

工作内容:选孔位、钻孔、装药、放炮、安全处理、爆破材料的领退。　　　　　　　　　　计量单位:100m³

编　号			4-1-37	4-1-38	4-1-39	4-1-40	4-1-41	4-1-42
项　目			断面 20m² 以内					
			Ⅰ级	Ⅱ级	Ⅲ级	Ⅳ级	Ⅴ级	Ⅵ级
名　　称		单位	消　耗　量					
人工	合计工日		工日	61.746	49.416	37.623	31.376	32.793	59.681
	其中	普工	工日	37.048	29.649	22.574	18.825	19.677	35.809
		一般技工	工日	24.698	19.767	15.049	12.550	13.117	23.872
材料	乳化炸药		kg	202.000	161.600	134.667	103.590	80.159	—
	非电毫秒雷管		发	251.275	234.523	195.436	180.402	167.039	—
	导爆索		m	73.187	68.308	56.923	52.544	48.652	—
	铜芯塑料绝缘软电线 BVR-2.5mm²		m	33.966	33.966	33.966	33.966	33.966	—
	合金钢钻头—一字型		个	16.612	11.871	8.014	7.398	6.850	—
	六角空心钢 φ22~25		kg	26.387	18.856	12.730	11.750	10.880	9.473
	高压风管 φ25-6P-20m		m	4.066	3.105	2.189	1.751	1.871	—
	高压胶皮水管 φ19-6P-20m		m	4.066	3.105	2.189	1.751	1.871	—
	水		m³	40.659	31.049	21.894	17.515	18.712	—
	电		kW·h	24.893	17.789	12.009	11.085	10.264	—
	其他材料费		%	1.50	1.50	1.50	1.50	1.50	1.50
机械	气腿式风动凿岩机		台班	25.299	19.319	13.623	10.898	11.643	—
	风动锻钎机		台班	0.573	0.409	0.276	0.255	0.236	—
	电动空气压缩机 20m³/min		台班	7.307	5.569	3.922	3.151	3.352	—

工作内容: 选孔位、钻孔、装药、放炮、安全处理、爆破材料的领退。 计量单位:100m³

编　号			4-1-43	4-1-44	4-1-45	4-1-46	4-1-47	4-1-48
项　目			断面 20m² 以内					
			洞长 1 000m 以上,每 1 000m 增加人工、机械					
			Ⅰ级	Ⅱ级	Ⅲ级	Ⅳ级	Ⅴ级	Ⅵ级
名　称		单位	消　耗　量					
人工	合计工日		工日	1.470	1.177	0.895	0.747	0.781	1.821
	其中	普工	工日	0.882	0.706	0.538	0.448	0.468	1.093
		一般技工	工日	0.587	0.470	0.358	0.299	0.313	0.728
机械	气腿式风动凿岩机		台班	0.301	0.230	0.162	0.130	0.139	—
	电动空气压缩机 20m³/min		台班	0.233	0.178	0.125	0.087	0.093	—

工作内容: 选孔位、钻孔、装药、放炮、安全处理、爆破材料的领退。 计量单位:100m³

编　号			4-1-49	4-1-50	4-1-51	4-1-52	4-1-53	4-1-54
项　目			断面 35m² 以内					
			Ⅰ级	Ⅱ级	Ⅲ级	Ⅳ级	Ⅴ级	Ⅵ级
名　称		单位	消　耗　量					
人工	合计工日		工日	56.295	46.078	34.350	28.513	29.796	53.286
	其中	普工	工日	33.777	27.646	20.610	17.108	17.878	31.972
		一般技工	工日	22.518	18.431	13.740	11.405	11.919	21.314
材料	乳化炸药		kg	183.063	146.450	122.042	93.878	69.539	—
	非电毫秒雷管		发	220.196	205.516	171.263	158.089	146.379	—
	导爆索		m	66.272	61.854	51.545	47.580	44.056	—
	铜芯塑料绝缘软电线 BVR-2.5mm²		m	24.398	24.398	24.398	24.398	24.398	—
	合金钢钻头一字型		个	15.043	10.749	7.257	6.699	6.203	—
	六角空心钢 ϕ22~25		kg	23.894	17.074	11.527	10.640	9.852	8.612
	高压风管 ϕ25-6P-20m		m	3.682	2.812	1.983	1.586	1.694	—
	高压胶皮水管 ϕ19-6P-20m		m	3.682	2.812	1.983	1.586	1.694	—
	水		m³	36.818	28.116	19.825	15.860	16.944	—
	电		kW·h	22.542	16.108	10.875	10.038	9.294	—
	其他材料费		%	1.50	1.50	1.50	1.50	1.50	1.50
机械	气腿式风动凿岩机		台班	22.909	17.494	12.336	9.868	10.543	—
	风动锻钎机		台班	0.518	0.370	0.250	0.231	0.214	—
	电动空气压缩机 20m³/min		台班	6.616	5.042	3.551	2.853	3.305	—

工作内容：选孔位、钻孔、装药、放炮、安全处理、爆破材料的领退。　　　　　　　　　　　　计量单位：100m³

编　号			4-1-55	4-1-56	4-1-57	4-1-58	4-1-59	4-1-60
项　目			断面 35m² 以内					
			洞长 1 000m 以上，每 1 000m 增加人工、机械					
			Ⅰ级	Ⅱ级	Ⅲ级	Ⅳ级	Ⅴ级	Ⅵ级
名　称		单位	消　耗　量					
人工	合计工日	工日	1.341	1.097	0.818	0.679	0.709	1.736
	其中 普工	工日	0.804	0.658	0.491	0.408	0.426	1.042
	一般技工	工日	0.537	0.439	0.327	0.271	0.283	0.694
机械	气腿式风动凿岩机	台班	0.273	0.208	0.147	0.117	0.126	—
	电动空气压缩机 20m³/min	台班	0.211	0.161	0.113	0.091	0.097	—

工作内容：选孔位、钻孔、装药、放炮、安全处理、爆破材料的领退。　　　　　　　　　　　　计量单位：100m³

编　号			4-1-61	4-1-62	4-1-63	4-1-64	4-1-65	4-1-66
项　目			断面 65m² 以内					
			Ⅰ级	Ⅱ级	Ⅲ级	Ⅳ级	Ⅴ级	Ⅵ级
名　称		单位	消　耗　量					
人工	合计工日	工日	47.010	37.791	29.031	24.002	25.064	47.325
	其中 普工	工日	28.206	22.674	17.419	14.401	15.038	25.995
	一般技工	工日	18.804	15.116	11.612	9.601	10.026	17.330
材料	乳化炸药	kg	151.500	121.200	101.000	77.692	57.550	—
	非电毫秒雷管	发	176.571	164.800	137.333	126.769	117.379	—
	导爆索	m	54.857	51.200	42.667	39.385	36.467	—
	铜芯塑料绝缘软电线 BVR-2.5mm²	m	20.563	20.563	20.563	20.563	20.563	—
	合金钢钻头一字型	个	12.452	8.898	6.007	5.545	5.134	
	六角空心钢 φ22~25	kg	19.778	14.133	9.541	8.807	8.155	7.129
	高压风管 φ25-6P-20m	m	3.048	2.327	1.641	1.313	1.403	
	高压胶皮水管 φ19-6P-20m	m	3.048	2.327	1.641	1.313	1.403	
	水	m³	30.476	23.273	16.410	13.128	14.026	
	电	kW·h	18.659	13.333	9.001	8.309	7.694	
	其他材料费	%	1.50	1.50	1.50	1.50	1.50	1.50
机械	气腿式风动凿岩机	台班	18.963	14.481	10.211	8.169	8.727	—
	风动锻钎机	台班	0.429	0.307	0.207	0.191	0.177	
	电动空气压缩机 20m³/min	台班	5.477	4.174	2.940	2.362	2.513	

工作内容：选孔位、钻孔、装药、放炮、安全处理、爆破材料的领退。 　　　　　　　　　计量单位：100m³

编　号			4-1-67	4-1-68	4-1-69	4-1-70	4-1-71	4-1-72
项　目			断面 65m² 以内					
			洞长 1 000m 以上，每 1 000m 增加人工、机械					
			Ⅰ级	Ⅱ级	Ⅲ级	Ⅳ级	Ⅴ级	Ⅵ级
名　称		单位	消 耗 量					
人工	合计工日	工日	1.119	0.900	0.692	0.572	0.597	1.609
	其中 普工	工日	0.671	0.539	0.415	0.343	0.358	0.965
	一般技工	工日	0.448	0.361	0.277	0.229	0.239	0.644
机械	气腿式风动凿岩机	台班	0.226	0.172	0.122	0.097	0.104	—
	电动空气压缩机 20m³/min	台班	0.175	0.133	0.094	0.075	0.080	—

工作内容：选孔位、钻孔、装药、放炮、安全处理、爆破材料的领退。 　　　　　　　　　计量单位：100m³

编　号			4-1-73	4-1-74	4-1-75	4-1-76	4-1-77	4-1-78
项　目			断面 100m² 以内					
			Ⅰ级	Ⅱ级	Ⅲ级	Ⅳ级	Ⅴ级	Ⅵ级
名　称		单位	消 耗 量					
人工	合计工日	工日	46.884	38.065	29.575	25.017	25.998	32.895
	其中 普工	工日	28.131	22.839	17.745	15.010	15.599	19.737
	一般技工	工日	18.753	15.225	11.830	10.007	10.399	13.158
材料	乳化炸药	kg	138.875	111.100	92.583	71.218	52.754	—
	非电毫秒雷管	发	158.226	147.677	123.064	113.598	105.183	—
	导爆索	m	50.694	47.314	39.428	36.395	33.700	—
	铜芯塑料绝缘软电线 BVR-2.5mm²	m	18.666	18.666	18.666	18.666	18.666	—
	合金钢钻头一字型	个	11.507	8.222	5.551	5.124	4.744	—
	六角空心钢 φ22~25	kg	18.277	13.061	8.817	8.139	7.536	6.588
	高压风管 φ25-6P-20m	m	2.816	2.151	1.516	1.213	1.296	—
	高压胶皮水管 φ19-6P-20m	m	2.816	2.151	1.516	1.213	1.296	—
	水	m³	28.163	21.506	15.165	12.132	12.961	—
	电	kW·h	17.243	12.321	8.318	7.678	7.110	—
	其他材料费	%	1.50	1.50	1.50	1.50	1.50	1.50
机械	履带式单斗液压挖掘机 1m³	台班	0.031	0.021	0.021	0.021	0.021	0.780
	自卸汽车 4t	台班	0.153	0.153	0.153	0.153	0.153	0.153
	气腿式风动凿岩机	台班	17.524	13.382	9.436	7.549	8.065	—
	风动锻钎机	台班	0.397	0.283	0.191	0.177	0.164	—
	电动空气压缩机 20m³/min	台班	5.060	3.857	2.717	2.183	2.322	—

工作内容:选孔位、钻孔、装药、放炮、安全处理、爆破材料的领退。　　　　　　计量单位:100m³

编　号			4-1-79	4-1-80	4-1-81	4-1-82	4-1-83	4-1-84
项　目			断面100m²以内					
			洞长1 000m以上,每1 000m增加人工、机械					
			Ⅰ级	Ⅱ级	Ⅲ级	Ⅳ级	Ⅴ级	Ⅵ级
名　称		单位	消　耗　量					
人工	合计工日	工日	1.117	0.906	0.704	0.596	0.619	1.559
	其中	普工	工日	0.669	0.544	0.422	0.358	0.372	0.935
		一般技工	工日	0.447	0.362	0.282	0.238	0.247	0.624
机械	履带式单斗液压挖掘机 1m³	台班	—	—	—	—	—	0.011
	自卸汽车 4t	台班	0.021	0.021	0.011	0.011	0.011	0.011
	气腿式风动凿岩机	台班	0.209	0.159	0.112	0.090	0.096	—
	电动空气压缩机 20m³/min	台班	0.161	0.110	0.087	0.069	0.074	—

工作内容:选孔位、钻孔、装药、放炮、安全处理、爆破材料的领退。

工作内容:选孔位、钻孔、装药、放炮、安全处理、爆破材料的领退。　　　　　　　　计量单位:100m³

编　号				4-1-85	4-1-86	4-1-87	4-1-88	4-1-89	4-1-90
项　目				断面 200m² 以内					
				Ⅰ级	Ⅱ级	Ⅲ级	Ⅳ级	Ⅴ级	Ⅵ级
名　　称			单位	消　耗　量					
人工	合计工日		工日	45.500	36.390	28.110	24.530	24.980	32.043
	其中	普工	工日	27.300	21.834	16.866	14.718	14.988	19.226
		一般技工	工日	18.200	14.556	11.244	9.812	9.992	12.817
材料	乳化炸药		kg	132.563	106.050	100.950	67.981	50.356	—
	非电毫秒雷管		发	145.645	135.935	113.279	104.565	96.820	—
	导爆索		m	65.000	60.000	60.000	50.000	50.000	—
	铜芯塑料绝缘软电线 BVR-2.5mm²		m	11.995	11.995	11.995	11.995	11.995	—
	合金钢钻头一字型		个	10.913	7.798	5.264	4.860	4.500	—
	六角空心钢 φ22~25		kg	17.334	12.386	8.362	7.719	7.147	6.100
	高压风管 φ25-6P-20m		m	2.671	2.040	1.438	1.151	1.229	—
	高压胶皮水管 φ19-6P-20m		m	2.671	2.040	1.438	1.151	1.229	—
	水		m³	26.709	20.396	14.382	11.506	12.292	—
	电		kW·h	16.353	11.685	7.889	7.282	6.743	—
	其他材料费		%	1.50	1.50	1.50	1.50	1.50	1.50
机械	气腿式风动凿岩机		台班	16.619	12.691	8.949	7.159	7.649	—
	风动锻钎机		台班	0.376	0.269	0.181	0.167	0.155	—
	电动空气压缩机 20m³/min		台班	4.800	3.658	2.577	2.070	2.202	—
	履带式单斗液压挖掘机 1m³		台班	0.030	0.020	0.020	0.020	0.020	0.770
	自卸汽车 4t		台班	0.150	0.150	0.150	0.150	0.150	0.150

工作内容：选孔位、钻孔、装药、放炮、安全处理、爆破材料的领退。　　　　　　　　计量单位：100m³

编　　号			4-1-91	4-1-92	4-1-93	4-1-94	4-1-95	4-1-96
项　　目			断面 200m² 以内					
			洞长 1 000m 以上，每 1 000m 增加人工、机械					
			Ⅰ级	Ⅱ级	Ⅲ级	Ⅳ级	Ⅴ级	Ⅵ级
名　　称		单位	消　耗　量					
合计工日		工日	1.080	0.900	0.680	0.580	0.600	1.465
人工	其中	普工	工日	0.648	0.540	0.408	0.348	0.360	0.879
		一般技工	工日	0.432	0.360	0.272	0.232	0.240	0.586
机械	气腿式风动凿岩机	台班	0.198	0.151	0.107	0.085	0.091	—
	履带式单斗液压挖掘机 1m³	台班	—	—	—	—	—	0.010
	自卸汽车 4t	台班	0.020	0.020	0.010	0.010	0.010	0.010
	电动空气压缩机 20m³/min	台班	0.164	0.125	0.088	0.071	0.075	—

二、斜井钻爆开挖

工作内容：选孔位、钻孔、装药、放炮、安全处理、爆破材料的领退。　　　　　　计量单位：100m³

编　号				4-1-97	4-1-98	4-1-99	4-1-100	4-1-101	4-1-102
项　目				断面 5m² 以内					
				Ⅰ级	Ⅱ级	Ⅲ级	Ⅳ级	Ⅴ级	Ⅵ级
名　称			单位	消　耗　量					
人工	合计工日		工日	136.606	104.926	77.538	62.531	66.437	102.229
	其中	普工	工日	81.964	62.956	46.523	37.519	39.862	61.337
		一般技工	工日	54.642	41.970	31.015	25.012	26.575	40.892
材料	乳化炸药		kg	349.523	279.619	233.015	179.243	132.772	—
	非电毫秒雷管		发	544.133	507.857	423.214	390.659	361.722	—
	导爆索		m	126.788	118.336	98.613	91.027	84.285	—
	铜芯塑料绝缘软电线 BVR-2.5mm²		m	40.808	40.808	40.808	40.808	40.808	—
	合金钢钻头一字型		个	28.779	20.565	13.883	12.816	11.866	—
	六角空心钢 φ22~25		kg	45.713	32.666	22.053	20.356	18.848	8.784
	高压风管 φ25-6P-20m		m	9.056	6.574	4.482	3.501	3.831	—
	高压胶皮水管 φ19-6P-20m		m	9.056	6.574	4.482	3.501	3.831	—
	水		m³	90.563	65.742	44.824	35.011	38.311	—
	电		kW·h	43.125	30.817	20.804	19.204	17.782	—
	其他材料费		%	1.50	1.50	1.50	1.50	1.50	1.50
机械	气腿式风动凿岩机		台班	56.350	40.906	27.891	21.784	23.838	—
	风动锻钎机		台班	0.992	0.709	0.479	0.442	0.409	—
	电动空气压缩机 10m³/min		台班	24.247	17.595	11.994	9.408	10.251	5.845

工作内容：选孔位、钻孔、装药、放炮、安全处理、爆破材料的领退。　　　　　　　　　　　计量单位：100m³

编　号			4-1-103	4-1-104	4-1-105	4-1-106	4-1-107	4-1-108
项　目			断面 10m² 以内					
			Ⅰ级	Ⅱ级	Ⅲ级	Ⅳ级	Ⅴ级	Ⅵ级
名　称		单位	消　耗　量					
人工	合计工日	工日	113.720	87.911	65.357	52.825	56.012	83.113
	其中 普工	工日	68.232	52.747	39.215	31.696	33.608	49.868
	一般技工	工日	45.488	35.164	26.143	21.129	22.405	33.245
材料	乳化炸药	kg	285.325	228.260	190.217	146.321	108.386	—
	非电毫秒雷管	发	380.506	355.139	295.949	273.184	252.948	—
	导爆索	m	103.438	96.543	80.452	74.264	68.763	—
	铜芯塑料绝缘软电线 BVR-2.5mm²	m	26.218	26.218	26.218	26.218	26.218	
	合金钢钻头一字型	个	23.479	16.778	11.327	10.455	9.681	—
	六角空心钢 φ22~25	kg	37.294	26.650	17.991	16.607	15.377	7.320
	高压风管 φ25-6P-20m	m	7.388	5.363	3.657	2.856	3.126	—
	高压胶皮水管 φ19-6P-20m	m	7.388	5.363	3.657	2.856	3.126	—
	水	m³	73.885	53.635	36.569	28.563	31.256	—
	电	kW·h	35.183	25.141	16.973	15.667	14.507	—
	其他材料费	%	1.50	1.50	1.50	1.50	1.50	1.50
机械	气腿式风动凿岩机	台班	45.973	33.373	22.754	17.772	19.448	—
	风动锻钎机	台班	0.809	0.578	0.390	0.360	0.334	—
	电动空气压缩机 10m³/min	台班	19.781	14.354	9.785	7.675	8.363	4.871

工作内容:选孔位、钻孔、装药、放炮、安全处理、爆破材料的领退。 计量单位:100m³

编　号			4-1-109	4-1-110	4-1-111	4-1-112	4-1-113	4-1-114
项　目			断面20m²以内					
			Ⅰ级	Ⅱ级	Ⅲ级	Ⅳ级	Ⅴ级	Ⅵ级
名　称		单位	消　耗　量					
人工	合计工日	工日	93.367	72.416	54.152	43.915	46.463	69.261
	其中 普工	工日	56.021	43.450	32.492	26.350	27.879	41.557
	一般技工	工日	37.346	28.966	21.660	17.566	18.584	27.704
材料	乳化炸药	kg	228.260	182.608	152.173	117.056	86.708	—
	非电毫秒雷管	发	283.940	265.011	220.843	203.855	188.754	—
	导爆索	m	82.701	77.188	64.323	59.375	54.977	—
	铜芯塑料绝缘软电线 BVR-2.5mm²	m	18.342	18.342	18.342	18.342	18.342	—
	合金钢钻头一字型	个	18.772	13.414	9.056	8.359	7.740	—
	六角空心钢 φ22~25	kg	29.817	21.307	14.384	13.278	12.294	6.100
	高压风管 φ25-6P-20m	m	5.907	4.288	2.924	2.284	2.499	—
	高压胶皮水管 φ19-6P-20m	m	5.907	4.288	2.924	2.284	2.499	—
	水	m³	59.072	42.882	29.238	22.837	24.990	—
	电	kW·h	28.130	20.101	13.570	12.526	11.598	—
	其他材料费	%	1.50	1.50	1.50	1.50	1.50	1.50
机械	气腿式风动凿岩机	台班	36.756	26.682	18.192	14.209	15.549	—
	风动锻钎机	台班	0.647	0.462	0.312	0.288	0.267	—
	电动空气压缩机 10m³/min	台班	15.816	11.477	7.823	6.136	6.687	4.059

三、竖井钻爆开挖

工作内容:选孔位、钻孔、装药、放炮、安全处理、爆破材料的领退。　　　　　计量单位:100m³

编　号			4-1-115	4-1-116	4-1-117	4-1-118	4-1-119	4-1-120
项　目			断面 5m² 以内					
			Ⅰ级	Ⅱ级	Ⅲ级	Ⅳ级	Ⅴ级	Ⅵ级
名　称		单位	消　耗　量					
人工	合计工日	工日	125.124	96.475	71.661	57.901	61.410	71.379
	其中 普工	工日	75.075	57.885	42.997	34.742	36.846	42.827
	一般技工	工日	50.049	38.590	28.664	23.160	24.564	28.552
材料	乳化炸药	kg	313.959	251.162	209.306	161.004	119.262	100.955
	非电毫秒雷管	发	488.766	456.163	380.151	350.909	324.916	116.961
	导爆索	m	113.887	106.290	88.579	81.765	75.709	—
	铜芯塑料绝缘软电线 BVR-2.5mm²	m	63.763	63.763	63.763	63.763	63.763	—
	合金钢钻头—一字型	个	25.851	18.472	12.471	11.512	10.659	7.105
	六角空心钢 φ22~25	kg	41.061	29.341	19.809	18.285	16.931	12.158
	高压风管 φ25-6P-20m	m	8.135	5.905	4.026	3.145	3.441	—
	高压胶皮水管 φ19-6P-20m	m	8.135	5.905	4.026	3.145	3.441	—
	水	m³	81.348	59.050	40.263	31.448	34.413	14.210
	电	kW·h	38.737	27.680	18.688	17.250	15.972	15.973
	其他材料费	%	1.50	1.50	1.50	1.50	1.50	1.50
机械	气腿式风动凿岩机	台班	50.617	36.742	25.053	19.568	21.413	12.742
	风动锻钎机	台班	0.891	0.637	0.430	0.397	0.367	—
	电动空气压缩机 10m³/min	台班	21.780	15.804	10.773	8.450	9.208	3.063

工作内容: 选孔位、钻孔、装药、放炮、安全处理、爆破材料的领退。

计量单位：100m³

编　号			4-1-121	4-1-122	4-1-123	4-1-124	4-1-125	4-1-126
项　目			断面 10m² 以内					
			Ⅰ级	Ⅱ级	Ⅲ级	Ⅳ级	Ⅴ级	Ⅵ级
名　称		单位	消　耗　量					
人工	合计工日	工日	104.306	80.972	60.520	49.013	51.875	59.978
	其中 普工	工日	62.584	48.583	36.312	29.408	31.125	35.987
	一般技工	工日	41.722	32.389	24.208	19.604	20.749	23.991
材料	乳化炸药	kg	256.288	205.030	170.858	131.429	97.355	82.411
	非电毫秒雷管	发	341.782	318.996	265.830	245.382	227.205	81.789
	导爆索	m	92.912	86.717	72.265	66.706	61.765	—
	铜芯塑料绝缘软电线 BVR–2.5mm²	m	52.291	52.291	52.291	52.291	52.291	—
	合金钢钻头一字型	个	21.089	15.070	10.174	9.391	8.696	5.797
	六角空心钢 φ22~25	kg	33.499	23.938	16.160	14.917	13.812	9.919
	高压风管 φ25–6P–20m	m	6.637	4.818	3.285	2.566	2.807	—
	高压胶皮水管 φ19–6P–20m	m	6.637	4.818	3.285	2.566	2.807	—
	水	m³	66.365	48.176	32.847	25.656	28.075	11.593
	电	kW·h	31.603	22.583	15.246	14.073	13.031	13.031
	其他材料费	%	1.50	1.50	1.50	1.50	1.50	1.50
机械	气腿式风动凿岩机	台班	41.294	29.976	20.438	15.964	17.469	10.395
	风动锻钎机	台班	0.727	0.519	0.351	0.324	0.300	—
	电动空气压缩机 10m³/min	台班	17.768	12.894	8.789	6.894	7.512	2.499

工作内容：选孔位、钻孔、装药、放炮、安全处理、爆破材料的领退。　　　　　　　　计量单位：100m³

编　　号			4-1-127	4-1-128	4-1-129	4-1-130	4-1-131	4-1-132
项　　目			断面 25m² 以内					
			Ⅰ级	Ⅱ级	Ⅲ级	Ⅳ级	Ⅴ级	Ⅵ级
名　　称		单位	消　耗　量					
人工	合计工日	工日	82.799	64.386	48.386	39.331	41.553	47.832
	其中 普工	工日	49.680	38.631	29.032	23.598	24.932	28.699
	一般技工	工日	33.119	25.754	19.354	15.732	16.621	19.133
材料	乳化炸药	kg	198.629	158.898	132.419	101.861	75.453	63.870
	非电毫秒雷管	发	247.638	231.129	192.607	177.791	164.622	59.260
	导爆索	m	72.128	67.319	56.099	51.784	47.948	—
	铜芯塑料绝缘软电线 BVR-2.5mm²	m	36.494	36.494	36.494	36.494	36.494	—
	合金钢钻头一字型	个	16.372	11.699	7.898	7.291	6.750	4.500
	六角空心钢 ϕ 22~25	kg	26.005	18.583	12.545	11.580	10.723	7.700
	高压风管 ϕ 25-6P-20m	m	5.152	3.740	2.550	1.992	2.179	—
	高压胶皮水管 ϕ 19-6P-20m	m	5.152	3.740	2.550	1.992	2.179	—
	水	m³	51.520	37.400	25.500	19.917	21.795	9.000
	电	kW·h	24.533	17.531	11.835	10.925	10.116	10.116
	其他材料费	%	1.50	1.50	1.50	1.50	1.50	1.50
机械	气腿式风动凿岩机	台班	32.057	23.271	15.866	12.393	13.561	8.070
	风动锻钎机	台班	0.564	0.403	0.272	0.251	0.233	—
	电动空气压缩机 10m³/min	台班	13.794	10.009	6.823	5.352	5.832	1.940

四、洞内地沟钻爆开挖

工作内容：选孔位、钻孔、装药、放炮、安全处理、爆破材料的领退，弃渣堆放在沟边。　　　计量单位：100m³

	编　号		4-1-133	4-1-134	4-1-135	4-1-136	4-1-137
	项　目		爆破开挖				
			深 1m 以内				
			Ⅰ级	Ⅱ级	Ⅲ级	Ⅳ级	Ⅴ级
	名　称	单位	消　耗　量				
人工	合计工日	工日	110.955	86.920	72.089	63.475	62.579
	其中　普工	工日	66.573	52.152	43.254	38.085	37.548
	一般技工	工日	44.381	34.768	28.835	25.390	25.032
材料	乳化炸药	kg	183.820	157.116	134.280	114.776	98.091
	非电毫秒雷管	发	594.545	508.173	422.927	371.231	317.265
	铜芯塑料绝缘软电线 BVR-2.5mm²	m	36.414	36.414	36.414	36.414	36.414
	合金钢钻头一字型	个	28.301	18.520	12.823	10.960	9.367
	六角空心钢 φ22~25	kg	35.962	23.534	16.294	13.928	11.903
	高压风管 φ25-6P-20m	m	6.234	4.099	2.846	2.163	2.079
	高压胶皮水管 φ19-6P-20m	m	6.234	4.099	2.846	2.163	2.079
	水	m³	45.716	30.058	20.872	15.858	15.247
	电	kW·h	28.272	18.501	12.810	10.949	9.358
	其他材料费	%	1.50	1.50	1.50	1.50	1.50
机械	气腿式风动凿岩机	台班	38.790	25.504	17.710	13.456	12.937
	风动锻钎机	台班	0.780	0.511	0.354	0.302	0.258
	电动空气压缩机 10m³/min	台班	16.748	11.010	7.645	5.828	5.584

工作内容: 选孔位、钻孔、装药、放炮、安全处理、爆破材料的领退,弃渣堆放在沟边。　　　　计量单位:100m³

编　号			4-1-138	4-1-139	4-1-140	4-1-141	4-1-142
项　目			爆破开挖				
			深2m以内				
			Ⅰ级	Ⅱ级	Ⅲ级	Ⅳ级	Ⅴ级
名　称		单位	消　耗　量				
人工	合计工日	工日	119.994	99.785	87.120	79.599	78.860
	其中 普工	工日	71.997	59.872	52.273	47.760	47.316
	一般技工	工日	47.997	39.914	34.847	31.839	31.544
材料	乳化炸药	kg	166.650	142.440	121.735	104.050	88.931
	非电毫秒雷管	发	272.487	232.902	199.047	170.131	145.409
	铜芯塑料绝缘软电线 BVR-2.5mm²	m	33.966	33.966	33.966	33.966	33.966
	合金钢钻头一字型	个	23.347	15.278	10.578	9.041	7.728
	六角空心钢 φ22~25	kg	29.668	19.415	13.442	11.489	9.820
	高压风管 φ25-6P-20m	m	5.143	3.381	2.348	1.784	1.715
	高压胶皮水管 φ19-6P-20m	m	5.143	3.381	2.348	1.784	1.715
	水	m³	37.714	24.796	17.219	13.082	12.579
	电	kW·h	23.324	15.263	10.568	9.032	7.720
	其他材料费	%	1.50	1.50	1.50	1.50	1.50
机械	气腿式风动凿岩机	台班	32.000	21.039	14.610	11.100	10.673
	风动锻钎机	台班	0.644	0.421	0.292	0.243	0.213
	电动空气压缩机 10m³/min	台班	13.816	9.083	6.307	4.808	4.607

五、平洞非爆开挖

工作内容：机械定位、钻孔、凿打岩石、清理、堆积、安全处理。 计量单位：100m³

编　号			单位	4-1-143	4-1-144	4-1-145	4-1-146	4-1-147
项　目				岩石破碎机开挖				
				35m² 以内				
				Ⅰ级	Ⅱ级	Ⅲ级	Ⅳ级	Ⅴ级
名　称			单位	消　耗　量				
人工	合计工日		工日	98.990	76.147	57.109	45.688	36.550
	其中	普工	工日	59.394	45.689	34.266	27.413	21.930
		一般技工	工日	39.596	30.458	22.843	18.275	14.619
材料	板枋材		m³	0.021	0.021	0.021	0.021	0.021
	水		m³	15.654	11.578	8.401	6.721	5.376
机械	平行水钻机		台班	41.290	31.762	23.821	19.057	15.246
	液压锤 HM960		台班	16.063	12.356	9.179	7.343	5.874
	履带式单斗液压挖掘机 1m³		台班	18.472	14.209	10.556	8.444	6.755

工作内容：机械定位、钻孔、凿打岩石、清理、堆积、安全处理。 计量单位：100m³

编　号			单位	4-1-148	4-1-149	4-1-150	4-1-151	4-1-152
项　目				岩石破碎机开挖				
				65m² 以内				
				Ⅰ级	Ⅱ级	Ⅲ级	Ⅳ级	Ⅴ级
名　称			单位	消　耗　量				
人工	合计工日		工日	76.135	58.566	38.855	35.139	28.113
	其中	普工	工日	45.681	35.140	23.313	21.084	16.868
		一般技工	工日	30.453	23.426	15.542	14.055	11.245
材料	板枋材		m³	0.021	0.021	0.021	0.021	0.021
	水		m³	12.288	9.095	6.603	5.282	4.226
机械	平行水钻机		台班	31.757	24.429	18.321	14.657	11.726
	液压锤 HM960		台班	12.850	9.885	7.343	5.874	4.700
	履带式单斗液压挖掘机 1m³		台班	14.778	11.368	8.444	6.755	5.405

工作内容: 机械定位、钻孔、凿打岩石、清理、堆积、安全处理。　　　　　　　　　　　　　计量单位:100m³

编　号			4-1-153	4-1-154	4-1-155	4-1-156	4-1-157
项　目			岩石破碎机开挖				
			100m² 以内				
			Ⅰ级	Ⅱ级	Ⅲ级	Ⅳ级	Ⅴ级
名　称		单位	消　耗　量				
人工	合计工日	工日	49.123	37.788	28.340	22.672	18.139
	其中 普工	工日	29.474	22.673	17.004	13.604	10.883
	一般技工	工日	19.649	15.115	11.336	9.069	7.256
材料	板枋材	m³	0.021	0.021	0.021	0.021	0.021
	水	m³	8.355	6.337	4.817	3.854	3.083
机械	平行水钻机	台班	20.490	15.762	11.821	9.457	7.566
	液压锤 HM960	台班	9.144	7.315	5.852	4.682	3.745
	履带式单斗液压挖掘机 1m³	台班	10.516	8.412	6.730	5.384	4.307

工作内容: 布孔、钻孔、验孔、装膨胀剂、填塞、破碎、撬移、安全处理。　　　　　　　　　　计量单位:100m³

编　号			4-1-158	4-1-159	4-1-160	4-1-161	4-1-162
项　目			静力破碎开挖				
			Ⅰ级	Ⅱ级	Ⅲ级	Ⅳ级	Ⅴ级
名　称		单位	消　耗　量				
人工	合计工日	工日	201.508	185.127	123.679	106.073	90.900
	其中 普工	工日	120.906	111.077	74.208	63.645	54.541
	一般技工	工日	80.602	74.050	49.471	42.428	36.359
材料	膨胀剂	kg	2 352.000	2 176.000	1 958.400	1 325.625	848.400
	合金钢钻头一字型	个	36.200	27.700	17.800	15.260	13.082
	钢钎 φ22~25	kg	25.100	17.800	9.700	8.316	7.129
	水	m³	46.500	43.000	38.700	33.178	28.443
机械	气腿式风动凿岩机	台班	49.600	40.900	27.300	23.404	20.064
	电动修钎机	台班	20.700	14.700	9.800	8.402	7.203
	电动空气压缩机 10m³/min	台班	26.800	22.200	15.000	12.860	11.024

工作内容:测量放线、机械定位、截割岩石、清理机下余土、工作面排水、移动机械。　　　计量单位:100m³

编　　号			4-1-163	4-1-164	4-1-165	4-1-166
项　　目			悬臂式掘进机开挖			
			35m² 以内		65m² 以内	
			Ⅱ级	Ⅲ级	Ⅱ级	Ⅲ级
名　　称		单位	消　耗　量			
人工	合计工日	工日	26.238	15.628	16.720	10.716
	其中 普工	工日	15.743	9.377	10.032	6.430
	一般技工	工日	10.495	6.251	6.688	4.286
材料	截齿 P5MS-3880-1770	个	8.560	4.610	5.900	2.790
	水	m³	69.400	36.320	40.800	26.010
	其他材料费	%	2.00	2.00	2.00	2.00
机械	悬臂式掘进机 318kW	台班	2.979	2.356	2.431	1.965
	履带式单斗液压挖掘机 0.8m³	台班	2.813	2.225	2.296	1.856

六、斜井非爆开挖

工作内容:钻孔、机械凿打岩石、清理、堆积、安全处理。　　　计量单位:100m³

编　　号			4-1-167	4-1-168	4-1-169	4-1-170	4-1-171
项　　目			岩石破碎机开挖				
			Ⅰ级	Ⅱ级	Ⅲ级	Ⅳ级	Ⅴ级
名　　称		单位	消　耗　量				
人工	合计工日	工日	90.931	69.947	52.459	—	33.575
	其中 普工	工日	54.559	41.968	31.476	—	20.145
	一般技工	工日	36.372	27.978	20.984	—	13.430
材料	板枋材	m³	0.021	0.021	0.021	0.021	0.021
	水	t	14.888	11.042	7.747	6.198	4.958
机械	平行水钻机	台班	36.524	28.095	21.071	16.857	13.486
	液压锤 HM960	台班	16.291	12.531	8.752	7.002	5.601
	履带式单斗液压挖掘机 1m³	台班	18.735	14.411	10.065	8.052	6.441

七、竖井非爆开挖

工作内容:切割、开凿石方、清理、堆积岩石、安全处理。   计量单位:100m³

编　号			4-1-172	4-1-173	4-1-174	4-1-175	4-1-176
项　目			人机配合开挖				
			Ⅰ级	Ⅱ级	Ⅲ级	Ⅳ级	Ⅴ级
名　称		单位	消　耗　量				
人工	合计工日		工日	250.885	184.260	136.672	109.338	87.471
	其中	普工	工日	150.532	110.557	82.005	65.603	52.483
		一般技工	工日	100.353	73.703	54.668	43.735	34.988
材料	刀片 D1 500		片	1.378	1.099	0.773	0.618	0.495
	水		m³	30.530	27.761	20.883	16.706	13.365
机械	岩石切割机 3kW		台班	15.517	12.405	8.709	6.967	5.574

八、洞内地沟非爆开挖

工作内容:机械开挖、弃渣堆放在沟边。   计量单位:100m³

编　号			4-1-177	4-1-178	4-1-179	4-1-180	4-1-181
项　目			机械开挖				
			Ⅰ级	Ⅱ级	Ⅲ级	Ⅳ级	Ⅴ级
名　称		单位	消　耗　量				
人工	合计工日		工日	82.383	47.124	26.057	23.076	20.483
	其中	普工	工日	49.430	28.274	15.635	13.846	12.290
		一般技工	工日	32.953	18.850	10.422	9.230	8.194
材料	刀片 D1 000		片	0.361	0.277	0.222	0.222	0.222
	水		m³	8.000	7.000	6.000	6.000	6.000
	其他材料费		%	2.00	2.00	2.00	2.00	2.00
机械	液压锤 HM960		台班	10.800	8.100	5.892	4.714	3.771
	履带式单斗液压挖掘机 0.6m³		台班	11.670	8.970	6.762	5.584	4.641
	岩石切割机 3kW		台班	5.408	4.160	3.328	2.662	2.130

九、平 洞 出 渣

工作内容：石渣装、运、卸，清理道路。　　　　　　　　　　　　　　　　　　　计量单位：100m³

编　号			4-1-182	4-1-183	4-1-184	4-1-185	4-1-186
项　目			人装双轮车运输		人力、机械装渣，轻轨斗车运输		
			运距60m内	每增运20m	人力装	机械装	每增运50m
					运距100m以内		
名　称		单位	消　耗　量				
人工	合计工日	工日	54.219	4.325	41.632	27.884	4.170
	其中 普工	工日	32.531	2.595	24.980	16.730	2.502
	一般技工	工日	21.687	1.730	16.653	11.153	1.668
材料	板枋材	m³	—	—	0.140	0.140	—
	抓钉	kg	—	—	2.060	2.060	—
机械	电动装岩机 0.2m³	台班	—	—	—	3.278	—
	矿用斗车 0.6m³	台班	—	—	7.867	6.556	1.473

工作内容：石渣装、卷扬机提升、卸（含扒平）及人工推运（距井口50m以内）。　　　　　计量单位：100m³

编　号			4-1-187	4-1-188	4-1-189	4-1-190
项　目			平洞石渣			
			经斜井运输		经竖井运输	
			运距25m以内	每增运25m	运距25m以内	每增运25m
名　称		单位	消　耗　量			
人工	合计工日	工日	11.565	3.855	10.409	3.122
	其中 普工	工日	6.939	2.313	6.245	1.874
	一般技工	工日	4.626	1.543	4.163	1.248
材料	吊斗摊销	kg	—	—	15.831	—
机械	电动单筒慢速卷扬机 30kN	台班	3.833	0.532	3.833	0.492
	矿用斗车 0.6m³	台班	1.093	—	—	—

工作内容: 石渣装、运、卸,清理道路。 计量单位:100m³

编　号			4-1-191	4-1-192	4-1-193	4-1-194
项　目			机装、电瓶车运输		机械装、自卸汽车运输	
			运距500m以内	每增运200m	运距1000m以内	每增运1000m
名　称		单位	消　耗　量			
人工	合计工日	工日	17.551	2.792	0.968	0.193
	其中 普工	工日	10.531	1.675	0.581	0.116
	一般技工	工日	7.020	1.117	0.387	0.077
材料	板枋材	m³	0.140	—	—	—
	抓钉	kg	2.060	—	—	—
机械	电动装岩机 0.2m³	台班	3.457	—	—	—
	矿用斗车 0.6m³	台班	10.924	1.821	—	—
	电瓶车 7t	台班	3.642	0.607	—	—
	硅整流充电机 90A/190V	台班	2.432	—	—	—
	轮胎式装载机 2m³	台班	—	—	0.400	—
	自卸汽车 15t	台班	—	—	0.970	0.130

十、开挖斜井、竖井出渣

工作内容: 石渣装、卷扬机提升、卸(含扒平)及人工推运(距井口50m以内)。 计量单位:100m³

编　号			4-1-195	4-1-196	4-1-197	4-1-198
项　目			斜井人装、卷扬机轻轨运输		竖井人装、卷扬机吊斗提升	
			运距25m以内	每增运25m	运距25m以内	每增运25m
名　称		单位	消　耗　量			
人工	合计工日	工日	72.586	15.504	69.129	14.766
	其中 普工	工日	43.551	9.303	41.478	8.859
	一般技工	工日	29.034	6.201	27.651	5.907
材料	吊斗摊销	kg	—	—	31.662	—
	板枋材	m³	0.140	—	0.140	—
	抓钉	kg	2.060	—	2.060	—
	托绳地滚钢材	kg	8.280			
机械	电动单筒慢速卷扬机 30kN	台班	7.467	2.252	7.467	1.387
	矿用斗车 0.6m³	台班	15.733	2.373		

第二章　隧　道　衬　砌

第三章 道宣律师

说　明

一、本章包括混凝土及钢筋混凝土衬砌拱部,混凝土及钢筋混凝土衬砌边墙,混凝土模板台车衬砌及制作与安装,仰拱、底板混凝土衬砌,竖井混凝土及钢筋混凝土衬砌等项目。

二、衬砌混凝土浇筑采用泵送方式的,混凝土输送执行第三册《桥涵工程》相关项目。

三、洞内现浇混凝土及钢筋混凝土边墙、拱部消耗量,喷射混凝土边墙、拱部消耗量,已综合考虑了施工操作平台和竖井采用的脚手架。

四、混凝土及钢筋混凝土边墙、拱部衬砌,已综合考虑了先拱后墙、先墙后拱的施工方法。

五、设计边墙为弧形时,弧形段模板按边墙模板执行边墙消耗量,人工和机械乘以系数 1.20;弧形段的砌筑执行边墙消耗量,每 $10m^3$ 体积人工增加 1.30 工日。

六、喷射混凝土项目按湿喷工艺编制。消耗量已考虑施工中的填平找齐、回弹以及施工损耗内容。喷射钢纤维混凝土项目中钢纤维掺量按照混凝土质量的 3% 考虑,设计与消耗量取定不同的,掺料类型、掺入量相应换算,其余不变。

七、本章钢筋混凝土消耗量中未编列钢筋制作、安装子目,钢筋制作、安装执行第九册《钢筋工程》相应项目,其中人工和机械乘以系数 1.20。

八、砂浆锚杆及药卷锚杆定额中未包括垫板的制作、安装,应另按相应加工铁件项目执行。

九、临时钢支撑执行钢支撑相应项目。若临时钢支撑不具有再次使用价值时,应扣除钢支撑残值后一次摊销处理。

十、钢支撑消耗量中未包含连接钢筋数量,连接钢筋执行第九册《钢筋工程》相应项目。

十一、砂浆锚杆及药卷锚杆消耗量按照 $\phi 22$ 编制,设计与消耗量取定不同时,人工、机械消耗量按下表系数调整。

调整系数表

锚杆直径	$\phi 28$	$\phi 25$	$\phi 22$	$\phi 20$	$\phi 18$	$\phi 16$
调整系数	0.62	0.78	1.00	1.21	1.49	1.89

十二、防水板消耗量按复合式防水板考虑,如设计采用的防水板材料不同的,按设计做法换算。

十三、止水胶消耗量按照单条 $2cm^2$ 的规格考虑,每米用量为 0.3kg。设计的材料品种及数量与消耗量取定不同的,按设计要求进行换算。

十四、执行排水管消耗量时,如设计材质、管径与消耗量取定不同的,按设计要求进行换算。

十五、片石混凝土消耗量按混凝土 80%、片石 20% 的比例编制,设计片石掺量不同的换算材料用量。

十六、防水工程消耗量已综合考虑了材料搭接以及阴阳角加强处理内容,不得重复计算。

十七、洞门砌筑及明洞修筑已综合考虑脚手架的搭、拆及砌筑平台费用,实际使用时不得重复计算。

十八、洞门挖基、仰坡及天沟开挖、明洞明挖土石方等,执行市政工程其他册相应项目。

十九、明洞非焦油聚氨酯防水涂料消耗量适用于平面防水,立面涂刷聚氨酯涂料的,执行平面防水消耗量,人工、材料、机械乘以系数 1.25。

二十、隧道边墙、拱部区分:边墙为直墙时以起拱线为分界线,以下为边墙,以上为拱部;隧道断面为单心圆或多心圆时,以拱部 120° 为分界线,以下为边墙,以上为拱部。

工程量计算规则

一、现浇混凝土衬砌工程量按照设计图示尺寸以衬砌体积加允许超挖量的合计体积计算,不扣除 $0.3m^2$ 以内孔洞所占体积。

二、石料衬砌工程量按照设计图示尺寸以衬砌体积计算。

三、衬砌模板工程量按模板与混凝土接触面积以面积计算。

四、模板台车移动就位按每浇筑一循环混凝土移动一次计算。

五、喷射混凝土工程量按设计图示尺寸以喷射面积计算。

六、砂浆锚杆及药卷锚杆工程量按设计图示尺寸以锚杆理论质量计算;中空注浆锚杆、自进式锚杆按设计图示尺寸以锚杆长度计算。

七、钢支撑工程量按设计图示尺寸以钢支撑理论质量计算。

八、套拱混凝土工程量按设计图示尺寸以体积计算。套拱模板工程量按设计图示尺寸以模板与混凝土的接触面积计算。

九、孔口管、管棚、小导管工程量按设计图示尺寸以长度计算。

十、注浆、压浆工程量按设计图示尺寸以填充体积计算。

十一、复合式防水板、防水卷材、防水涂料工程量按设计图示尺寸以结构防水面积计算。

十二、细石混凝土保护层工程量按设计图示尺寸以体积计算。

十三、止水带(条)、止水胶工程量按图示尺寸以防水长度计算。

十四、各类排水管沟工程量按图示尺寸以长度计算。

十五、洞门砌筑、明洞修筑及回填工程量按设计图示尺寸以体积计算。

十六、明洞细石混凝土防水层工程量按设计图示尺寸以体积计算,其他防水工程量按设计图示尺寸以主体结构防水面积计算。

十七、接水槽(盒)、施工缝、变形缝工程量分不同材料,按设计图示尺寸以长度计算。

十八、洞门装饰工程量按设计图示尺寸以面积计算。

一、混凝土及钢筋混凝土衬砌拱部

工作内容：钢拱架、模板安装、拆除、清理，混凝土浇筑、振捣、清理、养护，操作平台制作、安装、拆除等。

编 号				4-2-1	4-2-2	4-2-3	4-2-4
项 目				洞内			
				跨径 10m 以内、混凝土衬砌			
				厚 500mm 以内	厚 800mm 以内	厚 800mm 以外	模板
				10m³			10m²
名 称			单位	消 耗 量			
人工	合计工日		工日	3.919	3.818	3.750	4.503
	其中	普工	工日	1.568	1.527	1.500	1.801
		一般技工	工日	2.351	2.291	2.250	2.702
材料	预拌混凝土 C30		m³	10.100	10.100	10.100	—
	板枋材		m³	—	—	—	0.102
	钢模板		kg	—	—	—	7.340
	钢模板连接件		kg	—	—	—	2.056
	钢拱架		kg	—	—	—	6.983
	扒钉		kg	—	—	—	0.713
	圆钉		kg	—	—	—	0.109
	铁丝 ϕ 3.5		kg	—	—	—	1.490
	水		m³	12.250	10.150	8.650	—
	电		kW·h	10.640	10.640	10.640	—
	其他材料费		%	1.50	1.50	1.50	1.50
机械	木工圆锯机 500mm		台班	—	—	—	0.009
	木工平刨床 300mm		台班	—	—	—	0.009
	载重汽车 4t		台班	—	—	—	0.170
	汽车式起重机 8t		台班	—	—	—	0.071

工作内容：钢拱架、模板安装、拆除、清理，混凝土浇筑、振捣、清理、养护，操作平台制作、安装、拆除等。

编　号			4-2-5	4-2-6	4-2-7	4-2-8
项　目			明洞			
			跨径 10m 以内、混凝土衬砌			
			厚 500mm 以内	厚 800mm 以内	厚 800mm 以外	模板
			10m³			10m²
名　称		单位	消　耗　量			
人工		合计工日	工日	4.207	4.006	3.873	4.322
	其中	普工	工日	1.683	1.603	1.549	1.729
		一般技工	工日	2.525	2.404	2.324	2.593
材料		预拌混凝土 C30	m³	10.100	10.100	10.100	—
		板枋材	m³	—	—	—	0.102
		钢模板	kg	—	—	—	7.340
		钢模板连接件	kg	—	—	—	2.056
		钢拱架	kg	—	—	—	6.983
		扒钉	kg	—	—	—	0.713
		圆钉	kg	—	—	—	0.109
		铁丝 ϕ 3.5	kg	—	—	—	1.490
		水	m³	12.250	10.150	8.650	—
		电	kW·h	10.640	10.640	10.640	—
		其他材料费	%	1.50	1.50	1.50	1.50
机械		木工圆锯机 500mm	台班	—	—	—	0.009
		木工平刨床 300mm	台班	—	—	—	0.009
		载重汽车 4t	台班	—	—	—	0.161
		汽车式起重机 8t	台班	—	—	—	0.062

工作内容: 钢拱架、模板安装、拆除、清理,混凝土浇筑、振捣、清理、养护,操作平台制作、安装、拆除等。

编　号			4-2-9	4-2-10	4-2-11	4-2-12
项　目			洞内			
			跨径 10m 以上、混凝土衬砌			
			厚 500mm 以内	厚 800mm 以内	厚 800mm 以外	模板
			10m³			10m²
名　称		单位	消　耗　量			
人工	合计工日		工日	3.923	3.822	3.756	4.252
	其中	普工	工日	1.568	1.529	1.502	1.700
		一般技工	工日	2.354	2.293	2.254	2.551
材料	预拌混凝土 C30		m³	10.100	10.100	10.100	—
	板枋材		m³	—	—	—	0.085
	钢模板		kg	—	—	—	6.900
	钢模板连接件		kg	—	—	—	2.056
	钢拱架		kg	—	—	—	10.403
	扒钉		kg	—	—	—	0.535
	圆钉		kg	—	—	—	0.178
	铁丝 ϕ 3.5		kg	—	—	—	1.460
	水		m³	12.250	9.650	8.650	—
	电		kW·h	10.640	10.640	10.640	—
	其他材料费		%	1.00	1.00	1.00	1.00
机械	木工圆锯机 500mm		台班	—	—	—	0.009
	木工平刨床 300mm		台班	—	—	—	0.009
	载重汽车 4t		台班	—	—	—	0.170
	汽车式起重机 8t		台班	—	—	—	0.009

工作内容：钢拱架、模板安装、拆除、清理，混凝土浇筑、振捣、清理、养护，操作平台制作、安装、拆除等。

		编　号	4-2-13	4-2-14	4-2-15	4-2-16
			明洞			
		项　目	跨径 10m 以上、混凝土衬砌			
			厚 500mm 以内	厚 800mm 以内	厚 800mm 以外	模板
			10m³			10m²
		名　称	单位	消　耗　量		
人工		合计工日	工日	4.214	4.014	3.880	4.095
	其中	普工	工日	1.686	1.605	1.552	1.639
		一般技工	工日	2.528	2.408	2.328	2.456
材料		预拌混凝土 C30	m³	10.100	10.100	10.100	—
		板枋材	m³	—	—	—	0.085
		钢模板	kg	—	—	—	6.900
		钢模板连接件	kg	—	—	—	2.056
		钢拱架	kg	—	—	—	10.403
		扒钉	kg	—	—	—	0.535
		圆钉	kg	—	—	—	0.178
		铁丝 ϕ3.5	kg	—	—	—	1.460
		水	m³	12.250	9.650	8.650	—
		电	kW·h	10.640	10.640	10.640	—
		其他材料费	%	1.00	1.00	1.00	1.00
机械		木工圆锯机 500mm	台班	—	—	—	0.009
		木工平刨床 300mm	台班	—	—	—	0.009
		载重汽车 4t	台班	—	—	—	0.170
		汽车式起重机 8t	台班	—	—	—	0.088

二、混凝土及钢筋混凝土衬砌边墙

工作内容：模板安装、拆除、清理，混凝土浇筑、振捣、清理、养护，操作平台制作、安装、拆除等。

编　号			4-2-17	4-2-18	4-2-19	4-2-20
项　目			混凝土衬砌			
			厚500mm 以内	厚800mm 以内	厚800mm 以外	模板
			10m³			10m²
名　称		单位	消　耗　量			
人工	合计工日	工日	3.928	3.840	3.776	3.871
	其中　普工	工日	1.571	1.536	1.510	1.548
	一般技工	工日	2.357	2.304	2.266	2.323
材料	预拌混凝土 C30	m³	10.100	10.100	10.100	—
	板枋材	m³	—	—	—	0.050
	钢模板	kg	—	—	—	7.340
	钢模板连接件	kg	—	—	—	2.136
	钢支撑	kg	—	—	—	3.060
	圆钉	kg	—	—	—	0.198
	铁丝 φ3.5	kg	—	—	—	0.700
	水	m³	9.850	9.450	7.950	—
	电	kW·h	8.240	8.240	8.240	—
	其他材料费	%	1.00	1.00	1.00	1.00
机械	木工圆锯机 500mm	台班	—	—	—	0.009
	木工平刨床 300mm	台班	—	—	—	0.009
	载重汽车 4t	台班	—	—	—	0.054
	汽车式起重机 8t	台班	—	—	—	0.044

工作内容: 模板安装、拆除、清理,混凝土浇筑、振捣、清理、养护,操作平台制作、安装、拆除等。

编　号			4-2-21	4-2-22
项　目			中隔墙	
			混凝土	模板
			10m³	10m²
名　称		单位	消　耗　量	
人工	合计工日	工日	4.438	4.052
	其中 普工	工日	1.775	1.620
	其中 一般技工	工日	2.663	2.432
材料	预拌混凝土 C30	m³	10.100	—
	组合钢模板	kg	—	8.446
	板枋材	m³	—	0.015
	钢模板连接件	kg	—	2.195
	草板纸 80#	张	—	3.346
	复合木模板面板	m²	—	0.187
	水	m³	3.970	—
	电	kW·h	8.240	—
	其他材料费	%	1.00	1.00
机械	木工圆锯机 500mm	台班	—	0.001
	载重汽车 6t	台班	—	0.018
	汽车式起重机 8t	台班	—	0.028

三、混凝土模板台车衬砌及制作与安装

工作内容： 1. 混凝土浇筑、振捣、清理、养护，人工配合混凝土泵送等。

2. 模板台车和模架制作、安装、拆除、移动就位、调校、维护等。

3. 挡头模板制作、安装、拆除。

编　号			4-2-23	4-2-24	4-2-25	4-2-26	4-2-27	4-2-28
项　目			混凝土衬砌					
			混凝土	模板台车 挡头模板	模板台车			模板台车 移动就位
					台车			
					制作	安装	拆除	
			10m³	10m²	t			次
名　称		单位	消　耗　量					
人工	合计工日	工日	3.950	4.380	23.730	6.310	4.970	3.230
	其中 普工	工日	1.580	1.752	9.492	2.524	1.988	1.292
	一般技工	工日	2.370	2.628	14.238	3.786	2.982	1.938
材料	预拌混凝土 C30	m³	10.100	—	—	—	—	—
	水	m³	9.650	—	—	—	—	—
	板枋材	m³	—	0.050	—	—	—	—
	组合钢模板	kg	—	7.556	—	—	—	—
	钢板（综合）	kg	—	—	660.162	—	—	—
	钢模板连接件	kg	—	2.136	—	—	—	—
	钢支撑	kg	—	3.060	—	—	—	—
	型钢（综合）	kg	—	—	390.027	—	—	—
	不锈钢圆钢（综合）	t	—	—	0.016	—	—	—
	无缝钢管（综合）	kg	—	—	11.457	—	—	—
	圆钉	kg	—	0.198	—	—		—
	铁丝 ϕ3.5	kg	—	0.700	—	—	—	—
	电	kW·h	10.640	—	—	—	—	28.600
	低碳钢焊条（综合）	kg	—	—	75.910	—	—	—
	其他材料费	%	1.00	1.00	1.00	—	—	2.00
机械	木工圆锯机 500mm	台班	—	0.009	—	—	—	—
	木工平刨床 300mm	台班	—	0.009	—	—	—	—
	载重汽车 4t	台班	—	0.054	1.120	—	—	—
	汽车式起重机 8t	台班	—	0.044	0.009	—	—	—
	交流弧焊机 32kV·A	台班	—	—	4.279	—	—	—
	电焊条烘干箱 45×35×45（cm³）	台班	—	—	0.428	—	—	—
	履带式起重机 25t	台班	—	—	0.193	—	—	—
	汽车式起重机 12t	台班	—	—	—	0.467	0.374	—

四、仰拱、底板混凝土衬砌

工作内容：1. 模板制作、安装、拆除、清理，混凝土浇筑、振捣、清理、养护。
　　　　　 2. 选、修、洗、铺设块（片）石、混凝土浇筑、振捣、清理、养护。

编　　号			4-2-29	4-2-30	4-2-31	4-2-32	4-2-33
项　　目			仰拱混凝土衬砌	底板混凝土	仰拱、底板混凝土衬砌	仰拱回填	
			混凝土		模板	混凝土	片石混凝土
			10m³		10m²	10m³	
名　　称		单位	消　耗　量				
人工	合计工日		工日	3.090	3.205	2.907	2.952	3.531
	其中	普工	工日	1.236	1.282	1.163	1.181	1.412
		一般技工	工日	1.854	1.923	1.744	1.771	2.119
材料	预拌混凝土 C30		m³	10.100	10.100	—	10.100	8.080
	片石		m³	—	—	—	—	2.200
	板枋材		m³	—	—	0.041	—	—
	钢模板		kg	—	—	7.340	—	—
	钢模板连接件		kg	—	—	2.136	—	—
	钢支撑		kg	—	—	3.060	—	—
	圆钉		kg	—	—	0.129	—	—
	铁丝 φ3.5		kg	—	—	1.420	—	—
	水		m³	8.770	8.770	—	2.590	2.770
	电		kW·h	8.240	8.240	—	8.240	
	其他材料费		%	1.00	1.00	1.00	1.00	1.00
机械	木工圆锯机 500mm		台班	—	—	0.009	—	—
	木工平刨床 300mm		台班	—	—	0.009	—	—
	载重汽车 4t		台班	—	—	0.063	—	—
	汽车式起重机 8t		台班	—	—	0.035	—	—

五、竖井混凝土及钢筋混凝土衬砌

工作内容: 模板安装、拆除、清理,混凝土浇筑、振捣、清理、养护,操作平台制作、安装、拆除等。

编　号			4-2-34	4-2-35	4-2-36	4-2-37
项　目			竖井混凝土衬砌			
			厚250mm以内	厚350mm以内	厚450mm以内	模板
			10m³			10m²
名　称		单位	消　耗　量			
人工	合计工日	工日	4.261	4.250	4.137	5.746
	其中 普工	工日	1.704	1.700	1.655	2.298
	一般技工	工日	2.557	2.550	2.482	3.448
材料	预拌混凝土 C30	m³	10.100	10.100	10.100	—
	扣件	个	—	—	—	0.136
	钢模板	kg	—	—	—	8.190
	钢支撑	kg	—	—	—	0.600
	钢模板连接件	kg	—	—	—	1.760
	水	m³	8.450	7.650	7.650	—
	电	kW·h	9.040	9.040	9.040	—
	其他材料费	%	1.00	1.00	1.00	1.00
机械	载重汽车 4t	台班	—	—	—	0.036
	汽车式起重机 8t	台班	—	—	—	0.009

六、斜井拱部混凝土及钢筋混凝土衬砌

工作内容：模板安装、拆除、清理，混凝土浇筑、振捣、清理、养护，操作平台制作、安装、拆除等。

编　号				4-2-38	4-2-39	4-2-40
项　目				拱部混凝土衬砌		
				厚 500mm 以内	厚 800mm 以内	模板
				10m³		10m²
名　称			单位	消　耗　量		
人工	合计工日		工日	5.878	5.728	7.429
	其中	普工	工日	2.351	2.291	2.972
		一般技工	工日	3.527	3.437	4.457
材料	预拌混凝土 C30		m³	10.100	10.100	—
	板枋材		m³	—	—	0.112
	钢模板		kg	—	—	8.070
	钢模板连接件		kg	—	—	2.264
	钢拱架		kg	—	—	7.140
	扒钉		kg	—	—	0.782
	圆钉		kg	—	—	0.119
	铁丝 $\phi 3.5$		kg	—	—	1.640
	水		m³	12.250	10.150	—
	电		kW·h	11.700	11.700	—
	其他材料费		%	1.50	1.50	1.50
机械	木工圆锯机 500mm		台班	—	—	0.009
	木工平刨床 300mm		台班	—	—	0.009
	载重汽车 4t		台班	—	—	0.188
	汽车式起重机 8t		台班	—	—	0.080

七、斜井边墙混凝土及钢筋混凝土衬砌

工作内容：模板安装、拆除、清理，混凝土浇筑、振捣、清理、养护，操作平台制作、安装、拆除等。

编　号				4-2-41	4-2-42	4-2-43
项　目				边墙混凝土衬砌		
				厚 500mm 以内	厚 800mm 以内	模板
				10m³		10m²
名　称			单位	消　耗　量		
人工	合计工日		工日	5.892	5.761	6.387
	其中	普工	工日	2.357	2.304	2.555
		一般技工	工日	3.535	3.457	3.832
材料	预拌混凝土 C30		m³	10.100	10.100	—
	板枋材		m³	—	—	0.056
	钢模板		kg	—	—	8.100
	钢模板连接件		kg	—	—	2.352
	钢支撑		kg	—	—	3.368
	圆钉		kg	—	—	0.218
	铁丝 ϕ 3.5		kg	—	—	0.770
	水		m³	9.850	9.450	—
	电		kW·h	9.060	9.060	—
	其他材料费		%	1.00	1.00	1.00
机械	木工圆锯机 500mm		台班	—	—	0.009
	木工平刨床 300mm		台班	—	—	0.009
	载重汽车 4t		台班	—	—	0.063
	汽车式起重机 8t		台班	—	—	0.053

八、块料衬砌及沟槽

工作内容：运料、拌浆、表面修凿、砌筑，搭拆简易脚手架、养护等（拱部包括钢拱架制作及拆除）。

计量单位：10m³

编　号			4-2-44	4-2-45	4-2-46	4-2-47	4-2-48
项　目			拱部		边墙		
			浆砌拱石	浆砌混凝土预制块	浆砌块石	浆砌条石	浆砌混凝土预制块
名　称		单位	消　耗　量				
人工	合计工日	工日	35.784	33.995	23.142	21.039	19.987
	其中　普工	工日	14.314	13.598	9.257	8.416	7.995
	一般技工	工日	21.470	20.397	13.886	12.623	11.992
材料	预拌砌筑砂浆（干拌）DM M7.5	m³	1.390	1.390	2.880	2.090	1.390
	拱石	m³	10.100	—	—	—	—
	混凝土预制块（综合）	m³	—	10.100	—	—	10.100
	块石	m³	—	—	10.500	—	—
	条石	m³	—	—	—	10.100	—
	板枋材	m³	0.508	0.356	0.028	0.028	0.028
	水	m³	9.184	9.184	8.236	7.006	6.684
	扒钉	kg	1.683	1.683	—	—	—
	圆钉	kg	6.139	6.139	—	—	—
	铁丝 ϕ3.5	kg	0.900	0.909	—	—	—
	钢拱架	kg	16.650	16.650	—	—	—
	其他材料费	%	0.50	0.50	0.50	0.50	0.50
机械	载重汽车 4t	台班	0.421	0.421	—	—	—
	干混砂浆罐式搅拌机	台班	0.058	0.058	0.118	0.086	0.058

工作内容: 模板安装、拆除、清理,混凝土浇筑、振捣、清理、养护。

	编　号		4-2-49	4-2-50
	项　目		沟槽	
			混凝土浇筑	
			混凝土	模板
			10m³	10m²
名　称		单位	消　耗　量	
人工	合计工日	工日	9.861	4.467
	其中 普工	工日	3.944	2.788
	一般技工	工日	5.917	1.679
材料	预拌混凝土 C30	m³	10.100	—
	板枋材	m³	—	0.024
	组合钢模板	kg	—	6.300
	钢模板连接件	kg	—	1.912
	水	m³	5.350	—
	其他材料费	%	2.00	2.00
机械	载重汽车 4t	台班	—	0.382
	木工平刨床 500mm	台班	—	0.236
	木工圆锯机 500mm	台班	—	0.236

九、喷射混凝土支护、锚杆

工作内容：搭、拆喷射平台、喷射机操作、喷射混凝土、清洗岩面。　　　　　　　　　　计量单位：100m²

编　号			4-2-51	4-2-52	4-2-53	4-2-54
项　目			喷射混凝土支护			
			拱部			
			混凝土		钢纤维混凝土	
			初喷厚50mm	每增加10mm	初喷厚50mm	每增加10mm
名　称		单位	消　耗　量			
人工	合计工日	工日	15.362	2.048	16.898	2.253
	其中 普工	工日	6.145	0.819	6.759	0.901
	其中 一般技工	工日	9.217	1.229	10.139	1.352
材料	喷射混凝土	m³	7.150	1.300	7.150	1.300
	钢纤维	kg	—	—	441.956	80.356
	高压胶管 φ50	m	3.022	0.432	3.264	0.467
	板枋材	m³	0.021	—	0.021	—
	脚手架钢管	kg	2.586	—	2.586	—
	水	m³	16.521	2.359	16.521	2.359
	其他材料费	%	2.00	2.00	2.00	2.00
机械	混凝土湿喷机 5m³/h	台班	1.004	0.183	1.084	0.197
	电动空气压缩机 20m³/min	台班	0.574	0.107	0.620	0.116

工作内容： 搭、拆喷射平台、喷射机操作、喷射混凝土、清洗岩面。 计量单位：100m²

编　号		4-2-55	4-2-56	4-2-57	4-2-58
项　目		喷射混凝土支护			
		边墙			
		混凝土		钢纤维混凝土	
		初喷厚50mm	每增加10mm	初喷厚50mm	每增加10mm
名　称	单位	消　耗　量			
人工 合计工日	工日	12.588	1.684	13.847	1.852
人工 其中 普工	工日	5.035	0.673	5.539	0.741
人工 其中 一般技工	工日	7.553	1.011	8.308	1.111
材料 喷射混凝土	m³	6.500	1.230	6.500	1.230
材料 钢纤维	kg	—	—	401.778	76.029
材料 高压胶管 φ50	m	2.822	0.403	2.974	0.426
材料 板枋材	m³	0.021	—	0.021	—
材料 脚手架钢管	kg	2.586	—	2.586	—
材料 水	m³	16.521	2.359	16.521	2.359
材料 其他材料费	%	2.00	2.00	2.00	2.00
机械 混凝土湿喷机 5m³/h	台班	0.903	0.171	0.976	0.185
机械 电动空气压缩机 20m³/min	台班	0.518	0.098	0.559	0.106
机械 轴流通风机 30kW	台班	1.921	0.261	2.075	0.282

工作内容： 1. 砂浆锚杆：选孔位、打眼、洗眼、调制砂浆、灌浆、顶装锚杆。

　　　　　 2. 药卷锚杆：选孔位、打眼、洗眼、浸泡、灌装药卷、顶装锚杆。

　　　　　 3. 中空注浆锚杆：选孔位、打眼、洗眼、调制砂浆、灌浆、顶装锚杆、安装附件。

　　　　　 4. 自进式锚杆：选孔位、锚杆钻进、调制砂浆、灌浆、安装附件。

	编　号		4-2-59	4-2-60	4-2-61	4-2-62
	项　目		锚杆			
			砂浆锚杆	药卷锚杆	中空注浆锚杆	自进式锚杆
			t		100m	
	名　称	单位	消　耗　量			
人工	合计工日	工日	42.211	38.090	12.182	10.350
	其中 普工	工日	16.884	15.236	4.873	4.140
	一般技工	工日	25.327	22.854	7.309	6.210
材料	锚固砂浆	m³	0.490	—		
	锚固药卷	kg		399.840		
	素水泥浆	m³	—		0.240	0.240
	原木	m³			0.007	0.007
	板枋材	m³			0.013	0.013
	六角空心钢 φ22~25	kg	17.940	17.940	5.100	—
	合金钢钻头一字型	个	10.230	10.230	3.000	—
	锚杆铁件	kg	1 040.000	1 040.000	—	—
	圆钉	kg	—	—	0.100	0.100
	中空注浆锚杆	m	—	—	101.000	
	自进式锚杆	m	—	—		101.000
	高压风管 φ25-6P-20m	m	5.130	5.130	—	—
	水	m³	16.000	16.000	5.000	5.000
	电	kW·h	16.270	16.270	—	—
	铁丝（综合）	kg	—	—	0.900	0.900
	其他材料费	%	2.00	2.00	2.00	2.00
机械	气腿式风动凿岩机	台班	21.434	21.434	2.787	2.787
	电动灌浆机	台班	4.880	—	—	—
	风动锻钎机	台班	0.480	0.480	—	—
	机动翻斗车 1t	台班	0.440	0.440	0.152	0.152
	灰浆搅拌机 200L	台班	3.833			
	电动空气压缩机 20m³/min	台班	5.382	5.382	0.902	0.902
	液压注浆泵 HYB50/50-1	台班	—	—	1.153	1.153

十、钢　支　撑

工作内容: 下料、制作、校正、洞内及垂直运输、安装拆除、整理、堆放等。　　　　　　　　　计量单位:t

编　号			4-2-63	4-2-64	4-2-65	4-2-66	4-2-67	4-2-68
项　目			钢支撑					
			型钢钢架			格栅钢架		
			制作	安装	拆除	制作	安装	拆除
名　称		单位	消　耗　量					
人工	合计工日	工日	13.062	5.785	1.989	13.986	5.335	1.890
	其中 普工	工日	5.225	2.314	0.796	5.594	2.134	0.756
	一般技工	工日	7.837	3.471	1.193	8.392	3.201	1.134
材料	型钢(综合)	t	1.060	—	—	0.148	—	—
	钢筋(综合)	t	—	—	—	1.020	—	—
	低碳钢焊条(综合)	kg	9.000	—	—	46.000	—	—
	氧气	m³	—	—	—	0.745	—	—
	乙炔气	kg	—	—	—	0.287	—	—
	螺栓带螺母	套	—	—	—	34.000	—	—
	其他材料费	%	1.00	—	—	1.00	—	—
机械	钢筋弯曲机 40mm	台班	—	—	—	0.251	—	—
	钢筋切断机 40mm	台班	—	—	—	0.156	—	—
	交流弧焊机 32kV·A	台班	0.545	—	—	1.780	—	—
	电焊条烘干箱 45×35×45(cm³)	台班	0.055	—	—	0.178	—	—
	载重汽车 4t	台班	0.424	—	—	0.416	—	—

十一、管棚及小导管

工作内容： 模板安装、拆除、清理，混凝土浇筑、振捣、清理、养护，孔口管制作、安装等。

编　号			4-2-69	4-2-70	4-2-71
项　目			套拱		
			混凝土	模板	孔口管
			10m³	10m²	10m
名　称		单位	消　耗　量		
人工	合计工日	工日	4.185	4.230	0.801
	其中 普工	工日	1.674	1.692	0.320
	一般技工	工日	2.511	2.538	0.481
材料	预拌混凝土 C30	m³	10.100	—	—
	钢筋 φ10 以外	kg	—	—	0.073
	板枋材	m³	—	0.108	—
	钢管	t	—	—	0.126
	钢模板	kg	—	7.340	—
	钢模板连接件	kg	—	2.056	—
	钢拱架	kg	—	6.998	—
	扒钉	kg	—	0.703	—
	圆钉	kg	—	0.109	—
	铁丝 φ3.5	kg	—	1.490	—
	水	m³	12.250	—	—
	低碳钢焊条（综合）	kg	—	—	1.200
	其他材料费	%	1.50	1.50	1.00
机械	木工圆锯机 500mm	台班	—	0.009	—
	木工平刨床 300mm	台班	—	0.009	—
	载重汽车 4t	台班	—	0.161	—
	汽车式起重机 8t	台班	—	0.062	—
	机动翻斗车 1t	台班	—	—	0.050
	交流弧焊机 32kV·A	台班	—	—	0.160
	电焊条烘干箱 45×35×45（cm³）	台班	—	—	0.016

工作内容：制作、洞内及垂直运输、布眼、钻孔、安放就位。　　　　　　　　　　　　　　　计量单位：10m

编　　号			4-2-72	4-2-73	4-2-74	4-2-75
项　　目			管棚			
			管径（mm）			
			ϕ89	ϕ108	ϕ159	ϕ203
名　　称		单位	消　耗　量			
人工	合计工日	工日	5.562	5.791	6.777	7.541
	其中　普工	工日	2.225	2.316	2.711	3.016
	一般技工	工日	3.337	3.475	4.066	4.525
材料	无缝钢管 $D89\times6$	kg	125.287	—	—	—
	无缝钢管 $D108\times6$	kg	—	153.969	—	—
	无缝钢管 $D159\times6$	kg	—	—	230.949	—
	无缝钢管 $D203\times6$	kg	—	—	—	297.367
	合金钢钻头	个	0.530	0.560	0.640	0.710
	水平定向钻杆	kg	0.379	0.400	0.460	0.510
	岩心管	m	1.040	1.122	1.295	1.420
	水	m³	31.860	33.750	38.810	43.180
	其他材料费	%	2.00	2.00	2.00	2.00
机械	管子切断机 150mm	台班	0.035	0.035	—	—
	管子切断机 250mm	台班	—	—	0.044	0.053
	工程地质液压钻机	台班	0.336	0.354	0.408	0.454
	立式钻床 25mm	台班	0.203	0.212	0.248	0.274
	管子切断套丝机 159mm	台班	0.080	0.088	0.106	0.124
	载重汽车 4t	台班	0.017	0.020	0.030	0.038

工作内容： 搭拆脚手架、布眼、钻孔、清孔、钢管制作、运输、就位、顶进安装。　　　　　　　计量单位：100m

编　　　号				4-2-76
项　　　目				小导管
				ϕ42
名　　　称		单位		消　耗　量
人工	合计工日	工日		16.585
	其中	普工	工日	6.634
		一般技工	工日	9.951
材料	六角空心钢（综合）	kg		1.500
	合金钢钻头	个		1.600
	无缝钢管 $D42 \times 3.5$	kg		338.997
	镀锌铁丝 ϕ3.5	kg		1.000
	氧气	m^3		3.500
	乙炔气	kg		1.346
	水	m^3		54.999
	其他材料费	%		2.00
机械	立式钻床 25mm	台班		0.531
	气腿式风动凿岩机	台班		2.654
	管子切断机 60mm	台班		0.265
	电动空气压缩机 10m^3/min	台班		2.061
	机动翻斗车 1t	台班		0.232

工作内容：砂浆制作、压浆、检查、堵孔。 计量单位：10m³

编 号			4-2-77	4-2-78
项 目			注浆	
			水泥浆	水泥水玻璃浆
名 称		单位	消 耗 量	
人工	合计工日	工日	12.700	15.492
	其中 普工	工日	5.080	6.197
	一般技工	工日	7.620	9.295
材料	板枋材	m³	0.112	0.140
	水泥 42.5	t	7.711	4.410
	水	m³	9.500	7.300
	硅酸钠（水玻璃）	kg	—	3 900.000
	磷酸氢二钠	kg	—	66.000
	其他材料费	%	1.50	2.00
机械	灰浆搅拌机 400L	台班	1.242	1.420
	液压注浆泵 HYB50/50-1	台班	1.242	—
	双液压注浆泵 PH2X5	台班	—	1.420

十二、拱、墙背压浆

工作内容：搭拆操作平台、钻孔、砂浆制作、压浆、检查、堵孔。 计量单位：10m³

编 号			4-2-79	4-2-80
项 目			拱、墙背压浆	
			预留孔压浆	钻孔压浆
名 称		单位	消 耗 量	
人工	合计工日	工日	13.308	16.020
	其中 普工	工日	5.323	6.409
	一般技工	工日	7.985	9.612
材料	板枋材	m³	0.112	0.112
	水	m³	9.500	9.500
	水泥 42.5	t	7.711	7.711
	合金钢钻头	个	—	0.315
	其他材料费	%	1.00	1.00
机械	气腿式风动凿岩机	台班	—	0.240
	电动空气压缩机 10m³/min	台班	—	0.084
	灰浆搅拌机 400L	台班	1.242	1.242
	液压注浆泵 HYB50/50-1	台班	1.242	1.242

十三、防水板、止水带（条）、止水胶

工作内容： 1. 搭拆工作平台、敷设、固锚及焊接防水板，安装止水带（条）。
　　　　　　2. 基层清理、混凝土浇筑及养护。

编　号			4-2-81	4-2-82
项　目			防水层	
			复合式防水板	细石混凝土保护层
			100m²	10m³
名　称		单位	消　耗　量	
人工	合计工日	工日	12.586	28.907
	其中 普工	工日	5.034	11.563
	一般技工	工日	7.552	17.344
材料	复合式防水板	m²	116.000	—
	预拌混凝土 C25	m³	—	10.100
	其他材料费	%	2.00	2.00

工作内容： 1. 敷设，锚固，焊接，洞内材料运输。
　　　　　　2. 安装，固定，涂刷等。　　　　　　　　　　　　　　　　计量单位：100m²

编　号			4-2-83	4-2-84	4-2-85
项　目			防水层		
			无纺布	聚氨酯防水涂料 2mm 厚	油毛毡隔离层
名　称		单位	消　耗　量		
人工	合计工日	工日	7.562	7.237	2.898
	其中 普工	工日	3.025	2.895	1.159
	一般技工	工日	4.537	4.342	1.739
材料	无纺布	m²	116.000	—	—
	聚氨酯防水涂料	kg	—	320.000	—
	纸胎油毡隔离层	m²	—	—	116.000
	射钉	个	600.000	—	—
	垫片 30×30×3	个	500.000	—	—
	其他材料费	%	1.00	1.00	1.00
机械	机动翻斗车 1.5t	台班	2.850	—	—
	电动双筒慢速卷扬机 50kN	台班	0.100	0.200	0.200

工作内容: 安装止水带(条)。　　　　　　　　　　　　　　　　　　　　　　**计量单位:** 100m

编　　号			4-2-86	4-2-87	4-2-88
项　　目			止水带(条)		止水胶
			橡胶止水带	遇水膨胀止水条	
名　　称		单位	消　耗　量		
人工	合计工日	工日	20.985	18.643	22.038
	其中　普工	工日	8.394	7.457	8.815
	一般技工	工日	12.591	11.186	13.223
材料	橡胶止水带	m	101.000	—	—
	遇水膨胀止水条 30×20	m	—	101.000	—
	密封止水胶	kg	—	—	30.600
	塑料注浆阀管	m	—	—	106.000
	其他材料费	%	2.00	2.00	2.00

十四、排 水 管 沟

工作内容: 搭拆、移动工作平台、材料下料、安装、固定等。　　　　　　　　　**计量单位:** 100m

编　　号			4-2-89	4-2-90	4-2-91	4-2-92	4-2-93	4-2-94
项　　目			排水管					
			纵向排水管		横向排水管	环向排水管		
			弹簧管	HPDE管		弹簧管	无纺布	塑料盲沟
名　　称		单位	消　耗　量					
人工	合计工日	工日	3.135	3.135	4.547	16.966	12.448	15.400
	其中　普工	工日	1.254	1.254	1.819	6.787	4.979	6.160
	一般技工	工日	1.881	1.881	2.728	10.180	7.469	9.240
材料	塑料弹簧软管 φ110	m	106.000	—	—	—	—	—
	塑料打孔波纹管 φ100	m	—	106.000	—	—	—	—
	PVC塑料管 φ100	m	—	—	106.000	—	—	—
	塑料弹簧软管 φ50	m	—	—	—	106.000	—	—
	土工布	m²	—	—	3.500	—	51.000	—
	塑料板盲沟	m	—	—	—	—	—	106.000
	膨胀螺栓 M8×60	套	—	—	—	416.000	416.000	—
	其他材料费	%	—	—	2.00	—	2.00	2.00

工作内容: 搭拆、移动工作平台、侧式排水沟基座浇筑、材料下料、安装、侧式排水沟土工布铺设、固定等。

计量单位:100m

编　号				4-2-95	4-2-96
项　目				侧式排水沟	透水软管
				单(双)壁打孔波纹管	
名　称			单位	消　耗　量	
人工	合计工日		工日	6.598	6.150
	其中	普工	工日	2.639	2.265
		一般技工	工日	3.959	3.398
材料	塑料打孔波纹管 $\phi 400$		m	106.000	—
	透水管		m	—	110.000
	预拌混凝土 C15		m³	7.727	—
	土工布		m²	86.700	—
	片石		t	1.610	—
	水		m³	9.000	—
	其他材料费		%	1.00	—
机械	机动翻斗车 1t		台班	2.050	—

十五、明 洞 工 程

工作内容: 搭、拆、移动脚手架及砌筑平台,选、修、洗料,砂浆制作,砌筑,勾缝,养生。

计量单位:10m³

编　号				4-2-97	4-2-98
项　目				明洞修筑	
				浆砌片石	浆砌块石
名　称			单位	消　耗　量	
人工	合计工日		工日	8.502	9.457
	其中	普工	工日	3.401	3.783
		一般技工	工日	5.101	5.674
材料	砌筑水泥砂浆 M10		m³	3.590	2.870
	片石		m³	11.500	—
	块石		m³	—	10.500
	板枋材		m³	0.060	0.060
	松原木 $\phi 100\sim280$		m³	0.043	0.043
	铁件(综合)		kg	0.600	0.600
	水		m³	5.920	5.920
	其他材料费		%	0.50	0.50
机械	灰浆搅拌机 200L		台班	0.492	0.393

工作内容：搭、拆、移动脚手架，选、修、洗、埋设片石，模板制作、安装、拆除、移动、
修理，涂脱模剂，堆放，混凝土浇筑，捣固，养生。　　　　　　　　　　　计量单位：10m³

编　号			4-2-99	4-2-100
项　目			明洞修筑	
			片石混凝土	混凝土
名　称		单位	消　耗　量	
人工	合计工日	工日	8.153	8.562
	其中 普工	工日	3.261	3.425
	一般技工	工日	4.892	5.137
材料	预拌混凝土 C25	m³	8.080	10.100
	钢板（综合）	kg	28.000	28.000
	片石	m³	2.200	—
	镀锌铁丝（综合）	kg	1.800	1.800
	板枋材	m³	0.020	0.020
	松原木 φ100~280	m³	0.012	0.008
	型钢（综合）	t	0.008	0.008
	铁件（综合）	kg	8.100	8.100
	水	m³	10.490	10.220
	其他材料费	%	0.50	0.50
机械	汽车式起重机 12t	台班	0.410	0.480

工作内容：选、修、洗片石，砂浆制作，砌筑，养生。　　　　　　　　　　　计量单位：10m³

编　号			4-2-101	4-2-102
项　目			明洞回填	
			浆砌片石	干砌片石
名　称		单位	消　耗　量	
人工	合计工日	工日	5.502	2.956
	其中 普工	工日	2.201	1.182
	一般技工	工日	3.301	1.774
材料	砌筑水泥砂浆 M7.5	m³	3.590	—
	片石	m³	11.500	12.500
	水	m³	5.950	—
	其他材料费	%	0.50	0.50
机械	灰浆搅拌机 200L	台班	0.480	—

工作内容：分层夯实，整平。
计量单位：10m³

编 号			4-2-103	4-2-104
项 目			明洞回填	
			回填碎石	回填土石
名 称		单位	消 耗 量	
人工	合计工日	工日	2.546	1.546
	其中 普工	工日	1.018	0.618
	一般技工	工日	1.528	0.928
材料	碎石（综合）	m³	13.260	—

工作内容：清理基层，调制混凝土、砂浆、灌缝膏、纵横扫水泥砂浆，铺灌混凝土或砂浆，压实，抹光，分格缝。

编 号			4-2-105	4-2-106	4-2-107	4-2-108	4-2-109	4-2-110
项 目			明洞防水层					
			隔水层	SBS 改性沥青（聚合物）		EVA 聚氯乙烯（高分子）		PVC 防水板
				第一层	每增加一层	平面	立面	
			10m³	10m²				
名 称		单位	消 耗 量					
人工	合计工日	工日	4.050	0.899	0.783	0.348	0.416	0.773
	其中 普工	工日	2.430	0.360	0.313	0.139	0.166	0.309
	一般技工	工日	1.620	0.539	0.470	0.209	0.250	0.464
材料	黏土	m³	11.080	—	—	—	—	—
	复合铜胎基 SBS 改性沥青卷材	m²	—	12.650	13.770	—	—	—
	EVA 聚氯乙烯卷材 δ2	m²	—	—	—	12.450	12.450	—
	塑料防水板	m²	—	—	—	—	—	12.450
	聚氨酯乙料	kg	—	0.810	—	—	—	—
	聚氨酯甲料	kg	—	0.540	—	—	—	—
	乳化沥青	kg	—	3.000	—	—	—	—
	铝合金压条（综合）	m	—	—	—	6.000	6.000	—
	液化石油气	kg	—	2.200	—	—	—	—
	镀锌螺钉 M（2~5）×（4~50）	个	—	—	—	12.000	12.000	—
	水	m³	—	—	—	0.040	0.040	0.300
	其他材料费	%	1.00	1.00	1.00	1.00	1.00	1.00
机械	电动双筒慢速卷扬机 50kN	台班	—	0.020	0.020	0.020	0.020	0.020

工作内容: 清理基层,调制混凝土、砂浆、灌缝膏、纵横扫水泥砂浆,铺灌混凝土或砂浆,压实,抹光,分格缝。

计量单位:10m^2

编　号			4-2-111	4-2-112	4-2-113	4-2-114	4-2-115
项　目			明洞防水层				
			苯乙烯泡沫保护层	土工布防水层		非焦油聚氨酯防水涂料(厚 mm)	
				第一层	每增加一层	2	每增减0.5
名　称		单位	消　耗　量				
人工	合计工日	工日	0.551	1.044	0.725	0.502	0.112
	其中 普工	工日	0.220	0.418	0.290	0.201	0.045
	一般技工	工日	0.331	0.626	0.435	0.301	0.067
材料	聚苯乙烯泡沫板 δ30	m^2	10.500	—	—	—	—
	无纺布	m^2	—	12.450	12.450	—	—
	非焦油聚氨酯涂料	kg	—	—	—	32.000	8.150
	聚氨酯乙料	kg	0.810	—	—	—	—
	聚氨酯甲料	kg	0.540	—	—	—	—
	射钉垫片	套	—	45.000	45.000	—	—
	其他材料费	%	1.00	1.00	1.00	1.00	1.00
机械	电动双筒慢速卷扬机 50kN	台班	0.020	0.020	0.020	0.020	0.005

工作内容: 清理基层,调制混凝土、砂浆、灌缝膏、纵横扫水泥浆,铺灌混凝土或砂浆,压实,抹光,分格缝。

编 号			4-2-116	4-2-117	4-2-118	4-2-119	4-2-120
项 目			防水保护层				
			水泥砂浆(厚 mm)		防水水泥砂浆(厚 mm)		细石混凝土
			25	每增减10	25	每增减10	
			10m²				10m³
名 称		单位	消 耗 量				
人工	合计工日	工日	0.411	0.164	0.546	0.217	15.042
	其中 普工	工日	0.164	0.066	0.218	0.087	6.017
	一般技工	工日	0.247	0.098	0.328	0.130	9.025
材料	水泥砂浆 1:1	m³	0.250	0.100	—	—	—
	防水水泥砂浆 1:1	m³	—	—	0.250	0.100	—
	预拌混凝土 C25	m³	—	—	—	—	10.100
	板枋材	m³	0.010	0.005	—	—	0.016
	水	m³	0.120	0.030	0.010	—	2.040
	其他材料费	%	1.00	1.00	1.00	1.00	1.00
机械	混凝土输送泵 30m³/h	台班	0.120	0.050	0.120	0.050	3.300
	灰浆搅拌机 200L	台班	0.050	0.020	0.050	0.020	—
	双锥反转出料混凝土搅拌机 500L	台班	—	—	—	—	0.630

工作内容: 施工准备,凿毛,清理,钢板剪裁,焊接成型,铺设,止水带裁剪,接头及安装,填缝,收口。

计量单位:10m

编 号			4-2-121	4-2-122	4-2-123	4-2-124
项 目			变形缝			
			紫铜板止水带	钢板止水带	不锈钢止水带	橡胶止水带
名 称		单位	消 耗 量			
人工	合计工日	工日	1.073	0.932	1.111	0.445
	其中 普工	工日	0.429	0.373	0.444	0.178
	一般技工	工日	0.644	0.559	0.667	0.267
材料	紫铜板(综合)	kg	81.090	—	—	—
	热轧薄钢板 δ0.50~0.65	kg	—	90.000	—	—
	不锈钢板 δ8 以内	kg	—	—	12.365	—
	丙酮	kg	—	—	—	0.300
	铬不锈钢电焊条	kg	—	—	2.070	—
	电焊条 L-60 φ3.2	kg	—	2.070	—	—
	环氧树脂	kg	—	—	—	0.300
	铜焊条(综合)	kg	1.430	—	—	—
	甲苯	kg	—	—	—	0.240
	橡胶止水带	m	—	—	—	10.500
	乙二胺	kg	—	—	—	0.020
	其他材料费	%	1.00	1.00	1.00	1.00
机械	交流弧焊机 32kV·A	台班	0.070	0.070	0.070	—
	剪板机 20×2 500	台班	0.010	0.010	0.010	—

工作内容：施工准备，凿毛，清理，钢板剪裁，焊接成型，铺设，止水带裁剪，接头及
安装，填缝，收口。

计量单位：10m

编　号			4-2-125	4-2-126
项　目			施工缝	接水槽
			钢板腻子止水带	不锈钢板
名　称		单位	消　耗　量	
人工	合计工日	工日	1.290	1.392
	其中 普工	工日	0.516	0.557
	一般技工	工日	0.774	0.835
材料	钢板腻子止水带 250	m	10.500	—
	镀锌薄钢板 δ0.45	m²	0.700	—
	电焊条 L-60 φ3.2	kg	0.080	—
	镜面不锈钢板	m²	—	3.180
	镀锌铁丝（综合）	kg	0.270	—
	铁件（综合）	kg	—	3.520
	圆钢（综合）	t	0.060	—
	焊锡	kg	—	0.310
	其他材料费	%	1.00	1.00
机械	钢筋调直机 40mm	台班	0.020	—
	钢筋切断机 40mm	台班	0.020	—
	交流弧焊机 32kV·A	台班	0.010	—

十六、洞内、洞门装饰

工作内容: 脚手架搭、拆、移,清理修补基层表面,砂浆制作、运输、抹浆、刷胶、
喷涂涂料清理。

计量单位:100m²

	编　号		4-2-127	4-2-128	4-2-129
	项　目		洞内装饰		
			镶贴瓷砖	喷涂防火涂料	喷涂面漆
	名　称	单位	消　耗　量		
人工	合计工日	工日	30.740	2.410	0.390
	其中 一般技工	工日	18.444	1.446	0.234
	普工	工日	12.296	0.964	0.156
材料	瓷砖 200×300	m²	102.000	—	—
	厚型防火涂料	kg	—	1 040.000	—
	油性金属面漆	kg	—	—	82.800
	砌筑水泥砂浆 M15	m³	1.670	—	—
	水泥砂浆 M20	m³	0.520	—	—
	黑铁丝 8#~12#	kg	1.000	—	—
	铁线钉	kg	0.100	—	—
	原木	m³	0.010	0.010	0.010
	板枋材	m³	0.010	0.010	0.010
	水	m³	1.050	0.370	0.300
	其他材料费	%	1.00	1.00	1.00
机械	灰浆搅拌机 200L	台班	0.548	—	—
	机动翻斗车 1t	台班	0.410	—	—

工作内容: 脚手架搭、拆、移,清理修补基层表面,砂浆制作、运输、抹浆、刷胶、
喷涂涂料清理。

计量单位:100m²

		编　号		4-2-130	4-2-131	4-2-132
		项　目		洞门墙装饰		
				镶水刷石		镶贴瓷砖
				砌石墙面	混凝土墙面	
		名　称	单位	消　耗　量		
人工		合计工日	工日	36.330	31.800	24.380
	其中	一般技工	工日	21.798	19.080	14.628
		普工	工日	14.532	12.720	9.752
材料		水泥 32.5	t	1.052	0.694	0.915
		石子	m³	0.930	0.930	—
		砂子(中粗砂)	m³	2.280	1.310	2.110
		瓷砖 200×300	m²	—	—	102.000
		砌筑水泥砂浆 M15	m³	1.670	0.760	1.670
		水泥砂浆 M20	m³	0.520	0.520	0.340
		板枋材	m³	0.010	0.010	0.010
		原木	m³	0.010	0.010	0.010
		黑铁丝 8#~12#	kg	1.000	1.000	1.020
		铁线钉	kg	0.080	0.080	0.080
		水	m³	5.000	5.000	2.000
		其他材料费	%	0.50	0.50	0.50
机械		机动翻斗车 1t	台班	—	—	0.410

十七、洞 门 工 程

工作内容：运料、拌浆、表面修凿、砌筑，搭拆简易脚手架、养护等。 计量单位：10m³

编　号		4-2-133	4-2-134	4-2-135
项　目		洞门墙砌筑		
		浆砌块石	浆砌条石	浆砌混凝土预制块
名　称	单位	消　耗　量		
人工 合计工日	工日	23.950	21.772	15.907
其中 普工	工日	9.580	8.709	6.363
一般技工	工日	14.370	13.063	9.544
材料 预拌砌筑砂浆（干拌）DM M7.5	m³	2.880	2.090	1.390
块石	m³	10.500	—	—
条石	m³	—	10.100	—
混凝土预制块（综合）	m³	—	—	10.100
板枋材	m³	0.020	0.020	0.020
水	m³	8.236	7.014	6.684
其他材料费	%	0.50	0.50	0.50
机械 干混砂浆罐式搅拌机	台班	0.118	0.086	0.058

工作内容： 搭折、脚手架；模板制作、安装、拆除、涂脱模剂、堆放；钢筋制作、电焊、绑扎；混凝土浇筑、捣固、养护。

编 号			4-2-136	4-2-137	4-2-138
项 目			现浇混凝土洞门墙		
			片石混凝土	现浇混凝土	模板
			10m³		10m²
名 称		单位	消 耗 量		
人工	合计工日	工日	11.300	11.500	3.873
	其中 普工	工日	6.780	6.900	1.549
	一般技工	工日	4.520	4.600	2.324
材料	预拌混凝土 C20	m³	8.080	10.100	—
	钢模板	kg	—	—	8.625
	铁丝 φ3.5	kg	—	—	1.460
	钢模板连接件	kg	—	—	2.625
	型钢（综合）	kg	—	—	2.060
	钢管	t	0.007	0.007	—
	铁件（综合）	kg	16.220	16.900	—
	扒钉	kg	—	—	0.535
	圆钉	kg	—	—	0.200
	水	m³	12.000	12.000	—
	原木	m³	—	—	0.070
	板枋材	m³	—	—	0.080
	片石	m³	2.200	—	—
	其他材料费	%	0.50	0.50	—
机械	木工平刨床 300mm	台班	—	—	0.009
	木工圆锯机 500mm	台班	—	—	0.009
	汽车式起重机 8t	台班	—	—	0.044
	载重汽车 8t	台班	—	—	0.054

第三章　临 时 工 程

说　明

一、本章包括洞内通风机,洞内通风筒安装、拆除年摊销,洞内风、水管道安装、拆除年摊销,洞内电路架设、拆除年摊销,洞内外轻便轨道铺设、拆除年摊销等项目。

二、本章适用于采用矿山法施工的隧道洞内通风、供水、供风、照明、动力管线以及轻便轨道线路的临时性工程。

三、本章按年摊销量编制,施工时间不足一年的按一年计算,超过一年的按"每增加一季"增加,超过时间不足一季度的按一季度计算。

四、本章临时风水钢管、照明线路、轻便轨道均按单线编制,如批准的施工组织设计(或方案)按双排布设的,工程量应按双排计算。

五、洞长在 200m 以内的短隧道,一般不考虑洞内通风。如经批准的施工组织设计要求必须通风时,执行本章消耗量。

六、洞内反坡排水消耗量仅适用于反坡开挖排水情况,按隧道全长综合编制。消耗量中涌水量按 $10m^3/h$ 以内编制,实际涌水量不同时,水泵台班消耗量按下表系数调整:

系　数　表

涌水量(m³/h 以内)	10	15	20	50	100	150	200
调整系数	1.00	1.20	1.35	1.70	2.00	2.18	2.30

工程量计算规则

一、临时工程的洞长按主洞加支洞的长度之和计算（均以洞口断面为起止点，不含明槽）。

二、洞内通风工程量按洞长长度计算。

三、粘胶布通风筒及铁风筒工程量按每一洞口施工长度减 20m 以长度计算。

四、风、水钢管工程量按洞长长度加 100m 计算。

五、照明线路工程量按洞长长度计算。

六、动力线路工程量按洞长长度加 50m 计算。

七、轻便轨道以批准的施工组织设计（或方案）所布置的起、止点为准以长度计算，设置道岔的，每处道岔按相应轨道折合 30m 并入轻便轨道工程量计算。

八、洞内反坡排水按照排水量体积计算。

一、洞内通风机

工作内容：洞内通风、通风机安装、调试、使用、维护及拆除。　　　　　　　　　　　　　计量单位：100m

编　号				4-3-1	4-3-2	4-3-3	4-3-4
项　目				开挖断面 10m² 以内		开挖断面 65m² 以内	
				安装及运行（洞长 m）			
				1 000 以内	1 000 以外每增加1 000 以内	1 000 以内	1 000 以外每增加1 000 以内
名　称			单位	消　耗　量			
人工	合计工日		工日	25.404	25.404	22.229	22.229
	其中	普工	工日	15.243	15.243	13.337	13.337
		一般技工	工日	10.161	10.161	8.892	8.892
机械	轴流通风机 7.5kW		台班	138.214	140.978	—	—
	轴流通风机 功率 30kW×2		台班	—	—	120.938	123.357

工作内容：洞内通风、通风机安装、调试、使用、维护及拆除。　　　　　　　　　　　　　计量单位：100m

编　号				4-3-5	4-3-6	4-3-7	4-3-8
项　目				开挖断面 100m² 以内		开挖断面 200m² 以内	
				安装及运行（洞长 m）			
				1 000 以内	1 000 以外每增长1 000 以内	1 000 以内	1 000 以外每增加1 000 以内
名　称			单位	消　耗　量			
人工	合计工日		工日	20.921	20.921	19.759	19.759
	其中	普工	工日	12.552	12.552	11.855	11.855
		一般技工	工日	8.369	8.369	7.904	7.904
机械	轴流通风机 功率 75kW×2		台班	113.824	116.100	—	—
	轴流通风机 功率 110kW×2		台班	—	—	107.500	109.650

二、洞内通风筒安装、拆除年摊销

工作内容: 铺设管道、清扫污物、维修保养、拆除及材料运输。　　　　　　　　　　　　计量单位:100m

编　号				4-3-9	4-3-10	4-3-11	4-3-12
项　目				ϕ500 以内通风筒			
				粘胶布轻便软管		$\delta=2$ 薄钢板风筒	
				一年内	每增加一季	一年内	每增加一季
名　称			单位	消　耗　量			
人工	合计工日		工日	73.935	14.083	89.461	14.083
	其中	普工	工日	44.361	8.450	53.677	8.450
		一般技工	工日	29.574	5.633	35.784	5.633
材料	粘胶布风筒 ϕ500		m	33.000	6.600	—	—
	铁风筒 ϕ500		m	—	—	20.400	4.000
	圆钉		kg	—	—	1.500	—
	镀锌铁丝 ϕ1.6		kg	15.000	—	25.000	—
	型钢(综合)		kg	—	—	57.100	11.420
	环氧沥青漆		kg	1.500	0.300	—	—
	低碳钢焊条(综合)		kg	—	—	0.500	0.100
	六角螺栓带螺母(综合)		kg	3.000	0.600	10.380	2.080
	醇酸防锈漆		kg	—	—	7.300	1.460
	其他材料费		%	1.00	1.00	1.00	1.00
机械	台式钻床 16mm		台班	—	—	0.761	0.150
	电动双筒慢速卷扬机 80kN		台班	—	—	0.425	0.088
	直流弧焊机 32kV·A		台班	—	—	0.177	0.035
	电焊条烘干箱 45×35×45(cm³)		台班	—	—	0.018	0.004

工作内容：铺设管道、清扫污物、维修保养、拆除及材料运输。　　　　　　　　　　　计量单位：100m

编　号		4-3-13	4-3-14	4-3-15	4-3-16
项　目		ϕ1 000 以内通风筒			
		粘胶布轻便软管		$\delta = 2$ 薄钢板风筒	
		一年内	每增加一季	一年内	每增加一季
名　称	单位	消　耗　量			
人工　合计工日	工日	110.902	21.124	134.191	21.124
其中　普工	工日	66.542	12.674	80.515	12.674
一般技工	工日	44.360	8.450	53.676	8.450
材料　粘胶布风筒 ϕ1 000	m	33.000	6.600	—	—
铁风筒 ϕ1 000	m	—	—	20.000	4.000
圆钉	kg	—	—	3.000	—
镀锌铁丝 ϕ1.6	kg	30.000	—	50.000	—
型钢（综合）	kg	—	—	114.200	22.840
环氧沥青漆	kg	3.000	0.600	—	—
低碳钢焊条（综合）	kg	—	—	1.000	0.200
六角螺栓带螺母（综合）	kg	6.000	0.120	20.720	4.160
醇酸防锈漆	kg	—	—	14.600	2.920
其他材料费	%	1.00	1.00	1.00	1.00
机械　台式钻床 16mm	台班	—	—	1.522	0.301
电动双筒慢速卷扬机 80kN	台班	—	—	0.849	0.177
直流弧焊机 32kV·A	台班	—	—	0.354	0.071
电焊条烘干箱 45×35×45（cm³）	台班	—	—	0.035	0.007

工作内容：铺设管道、清扫污物、维修保养、拆除及材料运输。　　　　　　　　　　　　计量单位：100m

编　号			4-3-17	4-3-18	4-3-19	4-3-20
项　目			φ1 500以内通风筒			
			粘胶布轻便软管		δ＝2薄钢板风筒	
			一年内	每增加一季	一年内	每增加一季
名　称		单位	消　耗　量			
人工	合计工日	工日	166.353	31.687	201.287	31.687
	其中 普工	工日	99.812	19.012	120.773	19.012
	一般技工	工日	66.541	12.675	80.514	12.675
材料	粘胶布风筒　φ1 500	m	33.000	6.600	—	—
	铁风筒　φ1 500	m	—	—	20.000	4.000
	圆钉	kg	—	—	4.500	
	镀锌铁丝　φ1.6	kg	45.000	—	75.000	—
	型钢（综合）	kg	—	—	171.300	34.260
	环氧沥青漆	kg	4.500	0.900	—	—
	低碳钢焊条（综合）	kg	—	—	1.500	0.300
	六角螺栓带螺母（综合）	kg	9.000	1.800	31.140	2.080
	醇酸防锈漆	kg	—	—	21.900	4.380
	其他材料费	%	1.00	1.00	1.00	1.00
机械	台式钻床　16mm	台班	—	—	2.282	0.451
	电动双筒慢速卷扬机　80kN	台班	—	—	1.274	0.265
	直流弧焊机　32kV·A	台班	—	—	0.531	0.106
	电焊条烘干箱　45×35×45（cm³）	台班	—	—	0.053	0.011

三、洞内风、水管道安装、拆除年摊销

工作内容: 铺设管道、阀门,清扫污物、除锈、校正维修保养、拆除及材料运输。 计量单位:100m

编 号				4-3-21	4-3-22	4-3-23	4-3-24
项 目				镀锌钢管(水管 mm)			
				ϕ25 以内		ϕ50 以内	
				一年内	每增加一季	一年内	每增加一季
名 称			单位	消 耗 量			
人工	合计工日		工日	21.484	3.063	26.897	3.740
	其中	普工	工日	12.890	1.838	16.138	2.244
		一般技工	工日	8.594	1.225	10.759	1.496
材料	镀锌钢管 DN25		m	17.500	3.000	—	—
	镀锌钢管 DN50		m	—	—	17.500	3.000
	镀锌钢管卡子 DN25		个	20.000	2.000	—	—
	镀锌钢管卡子 DN50		个	—	—	20.000	2.000
	镀锌管箍 DN25		个	6.000	0.600	—	—
	镀锌管箍 DN50		个	—	—	6.000	0.600
	螺纹截止阀 J11T-16 DN25		个	0.600	0.120	—	—
	螺纹截止阀 J11T-16 DN50		个	—	—	0.600	0.120
	铅油(厚漆)		kg	0.500	—	0.700	—
	其他材料费		%	6.00	6.00	6.00	6.00
机械	管子切断机 60mm		台班	0.177	0.035	0.531	0.106
	管子切断套丝机 159mm		台班	0.265	0.053	0.708	0.142

工作内容:铺设管道、阀门,清扫污物、除锈、校正维修保养、拆除及材料运输。　　　　　　　　　　**计量单位:**100m

编　号				4-3-25	4-3-26	4-3-27	4-3-28
项　目				镀锌钢管(水管 mm)			
				ϕ80 以内		ϕ100 以内	
				一年内	每增加一季	一年内	每增加一季
名　称			单位	消　耗　量			
人工	合计工日		工日	33.252	4.534	37.820	5.105
	其中	普工	工日	19.951	2.720	22.693	3.063
		一般技工	工日	13.301	1.814	15.128	2.041
材料	镀锌钢管 DN80		m	17.500	3.000	—	—
	镀锌钢管 DN100		m	—	—	17.500	3.000
	镀锌钢管卡子 DN80		个	20.000	2.000	—	—
	镀锌钢管卡子 DN100		个	—	—	20.000	2.000
	镀锌管箍 DN80		个	6.000	0.600	—	—
	镀锌管箍 DN100		个	—	—	6.000	0.600
	法兰截止阀 J41T–16 DN80		个	0.600	0.120	—	—
	法兰截止阀 J41T–16 DN100		个	—	—	0.600	0.120
	铅油(厚漆)		kg	1.600	—	2.000	—
	其他材料费		%	6.00	6.00	6.00	6.00
机械	管子切断机 60mm		台班	0.531	0.106	0.531	0.106
	管子切断套丝机 159mm		台班	0.708	0.142	0.708	0.142

工作内容: 铺设管道、阀门,清扫污物、除锈、校正维修保养、拆除及材料运输。　　　　　　　　计量单位:100m

编　号			4-3-29	4-3-30	4-3-31	4-3-32	4-3-33	4-3-34
项　目			钢管(mm)					
			ϕ80以内		ϕ100以内		ϕ150以内	
			一年内	每增加一季	一年内	每增加一季	一年内	每增加一季
名　称		单位	消 耗 量					
人工	合计工日	工日	71.287	8.956	76.387	9.594	98.957	12.415
	其中 普工	工日	42.773	5.374	45.833	5.757	59.375	7.449
	一般技工	工日	28.514	3.582	30.554	3.838	39.583	4.966
材料	黑铁管 DN80	m	17.500	3.000	—	—	—	—
	黑铁管 DN100	m	—	—	17.500	3.000	—	—
	黑铁管 DN150	m	—	—	—	—	17.500	3.000
	平焊法兰 1.6MPa DN80	副	2.550	0.510	—	—	—	—
	平焊法兰 1.6MPa DN100	副	—	—	2.550	0.510	—	—
	平焊法兰 1.6MPa DN150	副	—	—	—	—	2.550	0.510
	法兰截止阀 J41T-16 DN80	个	0.600	0.120	—	—	—	—
	法兰截止阀 J41T-16 DN100	个	—	—	0.600	0.120	—	—
	法兰截止阀 J41T-16 DN150	个	—	—	—	—	0.600	0.120
	六角螺栓带螺母(综合)	kg	11.410	2.280	16.090	3.220	23.110	4.620
	低碳钢焊条(综合)	kg	8.820	1.770	10.620	2.130	15.840	3.170
	醇酸防锈漆	kg	3.500	0.700	4.000	0.800	6.000	1.200
	其他材料费	%	6.00	6.00	6.00	6.00	6.00	6.00
机械	直流弧焊机 32kV·A	台班	3.866	0.778	4.538	0.911	9.439	1.893
	电焊条烘干箱 45×35×45(cm³)	台班	0.387	0.078	0.454	0.091	0.944	0.189
	电动弯管机 108mm	台班	0.265	0.053	0.442	0.071	—	—
	管子切断机 150mm	台班	0.088	0.018	0.088	0.018	0.265	0.053

四、洞内电路架设、拆除年摊销

工作内容：线路沿壁架设、安装、随用、随移、安全检查、维修保养、拆除及材料运输。　　　　计量单位：100m

编　号			4-3-35	4-3-36
项　目			照明	
			一年内	每增加一年
名　称		单位	消　耗　量	
人工	合计工日	工日	36.076	17.393
	其中 普工	工日	21.645	10.436
	一般技工	工日	14.430	6.957
材料	胶壳闸刀 220V/100A	个	0.100	0.020
	橡胶三芯软缆 3×35	m	26.000	5.000
	板枋材	m³	0.056	—
	熔断器 220V/100A	个	0.500	0.100
	防水灯头	个	14.000	0.840
	灯泡	个	112.000	22.400
	六角螺栓带螺母（综合）	kg	2.560	0.510
	醇酸防锈漆	kg	1.100	0.220
	电	kW·h	8 400.000	—
	其他材料费	%	1.00	1.00

工作内容:线路沿壁架设、安装、随用、随移、安全检查、维修保养、拆除及材料运输。　　　　**计量单位:**100m

编　号			4-3-37	4-3-38	4-3-39	4-3-40
项　目			动力			
			$3 \times 70mm^2 + 2 \times 25mm^2$		$3 \times 120mm^2 + 2 \times 70mm^2$	
			一年内	每增加一年	一年内	每增加一年
名　称		单位	消　耗　量			
人工	合计工日	工日	48.407	21.188	66.351	26.709
	其中 普工	工日	29.044	12.713	39.811	16.026
	一般技工	工日	19.363	8.475	26.540	10.683
材料	铁壳闸刀 380V/200A	个	0.100	0.020	0.100	0.020
	塑料绝缘电力电缆 VV $3 \times 70mm^2 + 2 \times 25mm^2$	m	26.000	5.000	—	—
	塑料绝缘电力电缆 VV $3 \times 120mm^2 + 2 \times 70mm^2$	m	—	—	26.000	5.000
	板枋材	m³	0.056	—	0.056	—
	熔断器 380V/100A	个	0.750	0.150	0.750	0.150
	端子板 JX2-2510	组	0.250	0.050	0.250	0.050
	三相四孔插座 15A	个	0.250	0.050	0.250	0.050
	六角螺栓带螺母(综合)	kg	0.530	0.110	0.530	0.110
	醇酸防锈漆	kg	1.100	0.220	1.100	0.220
	电	kW·h	2 100.000	—	2 100.000	—
	其他材料费	%	1.00	1.00	1.00	1.00

工作内容:线路沿壁架设、安装、随用、随移、安全检查、维修保养、拆除及材料运输。　计量单位:100m

编　号			4-3-41	4-3-42	4-3-43	4-3-44
项　目			动力			
			$3 \times 150mm^2+2 \times 120mm^2$		$3 \times 180mm^2+2 \times 150mm^2$	
			一年内	每增加一年	一年内	每增加一年
名　称		单位	消　耗　量			
人工	合计工日	工日	75.323	29.470	82.374	31.639
	其中　普工	工日	45.195	17.682	49.424	18.983
	一般技工	工日	30.129	11.788	32.949	12.655
材料	铁壳闸刀 380V/200A	个	0.100	0.020	0.100	0.020
	塑料绝缘电力电缆 VV $3 \times 150mm^2+2 \times 120mm^2$	m	26.000	5.000	—	—
	塑料绝缘电力电缆 VV $3 \times 180mm^2+2 \times 150mm^2$	m	—	—	26.000	5.000
	板枋材	m^3	0.056	—	0.056	—
	熔断器 380V/100A	个	0.750	0.150	0.750	0.150
	端子板 JX2-2510	组	0.250	0.050	0.250	0.050
	三相四孔插座 15A	个	0.250	0.050	0.250	0.050
	六角螺栓带螺母(综合)	kg	0.530	0.110	0.530	0.110
	醇酸防锈漆	kg	1.100	0.220	1.100	0.220
	电	kW·h	2 100.000	—	2 100.000	—
	其他材料费	%	1.00	1.00	1.00	1.00

五、洞内外轻便轨道铺设、拆除年摊销

工作内容：铺设枕木、轻轨、校平调顺、固定、拆除、材料运输及保养维修。　　　　　　计量单位：100m

编　号			4-3-45	4-3-46	4-3-47	4-3-48	4-3-49	4-3-50
项　目			轻便轨道（kg/m）					
			15		18		24	
			一年内	每增加一季	一年内	每增加一季	一年内	每增加一季
名　称		单位	消　耗　量					
人工	合计工日	工日	58.957	5.332	60.650	5.474	61.215	5.521
	其中 普工	工日	35.374	3.200	36.390	3.284	36.729	3.312
	一般技工	工日	23.583	2.133	24.260	2.189	24.486	2.208
材料	枕木	m³	1.050	0.200	1.750	0.330	1.750	0.330
	钢轨	kg	430.000	70.000	450.000	70.000	510.000	80.000
	鱼尾板	kg	16.910	3.210	18.430	3.490	28.690	5.440
	鱼尾螺栓	kg	6.910	1.280	7.940	1.470	7.940	1.470
	钢板垫板	kg	25.190	4.580	81.280	15.240	81.280	15.240
	道钉	kg	19.520	3.660	31.520	5.910	35.680	6.690
	镀锌铁丝 φ1.6	kg	10.650	2.130	13.650	2.730	13.650	2.730
	圆钉	kg	1.000	0.200	1.000	0.200	1.000	0.200
	其他材料费	%	3.50	3.50	3.50	3.50	3.50	3.50

六、洞内反坡排水

工作内容：水泵安装、拆除，集水坑设置，排水，维护。　　　　　　计量单位：100m³

编　号			4-3-51	4-3-52
项　目			洞内反坡排水	
			洞长（m）	
			1 000 以内	每增加 1 000
名　称		单位	消　耗　量	
人工	合计工日	工日	0.096	—
	其中 普工	工日	0.058	—
	一般技工	工日	0.038	—
材料	其他材料费	元	7.80	1.00
机械	电动单级离心清水泵 150mm	台班	0.275	0.080
	污水泵 150mm	台班	0.275	0.080

第四章　盾构法掘进

说　明

一、本章包括盾构吊装及吊拆、盾构掘进、衬砌壁后压浆、钢筋混凝土管片、钢管片、管片设置密封条、柔性接缝环、管片嵌缝、负环管片拆除、隧道内管线路拆除、金属构件、盾构其他工程、措施项目工程等项目。

二、本章适用各类地质的盾构法隧道掘进。

三、盾构项目中的 ϕ 是指盾构管片结构外径，具体按相应盾构管片外径计算。盾构机选型应根据地质勘察资料、隧道覆土层厚度、地表沉降量要求及盾构机技术性能等条件进行确定，如设计要求不同时应调整项目盾构掘进机的规格和台班单价，消耗量不变。

四、车架安拆消耗量中的吨位是指单节车架的质量。每节车架的质量应按盾构机具体参数确定。盾构及车架安装是指盾构及车架现场吊装及试运行，拆除是指拆卸、吊运装车。盾构及车架场外运费应另行计算。

五、盾构车架安装消耗量按井下一次安装就位考虑，如井下车架安装受施工场地影响，需要增加车架转换时，其费用另计。

六、盾构掘进消耗量未考虑盾构掘进过程中的加固费用，如始发、到达掘进段的端头加固等，其费用应另行计算。

七、除另有说明外，本章消耗量已综合考虑材料垂直运输及洞内水平运输相应内容，不得重复计算。

八、盾构掘进消耗量已综合考虑了管片的宽度和成环块数等因素，执行时不做调整。

九、盾构掘进消耗量已含贯通测量费用，但不包括设置平面控制网、高程控制网、过江水准及方向、高程传递等测量内容，如发生时其费用另行计算。

十、盾构机在穿越密集建筑群、古文物建筑、江河堤防、重要管线的基础、桩群所在地层，且对地表沉降有特殊要求的，其增加的措施费用另行计算。

十一、盾构机通过软土地层（软土地层主要是指沿海、沿河地区的细颗粒软弱冲积土层，按土壤分类包括黏土、亚黏土、淤泥质亚黏土、淤泥质黏土、亚砂土、粉砂土、细砂土、人工填土和人工冲填土层）且软土地层连续长度大于或等于 30m 的，相应掘进工程量执行时，人工和机械（盾构机除外）乘以系数 0.65，盾构机台班乘以系数 0.85 计算，并扣除消耗量中刀具使用费。

十二、盾构掘进消耗量子目未考虑复合式盾构掘进通过复杂地层的增加费用，其增加费用根据地质资料、施工方案计算。复杂地层包括：单轴饱和抗压强度大于 80MPa 硬岩且连续长度超过 30m 的地层，软硬不均、上软下硬且连续长度超过 30m 的地层，孤石地层。

十三、盾构掘进消耗量中的出土，其土方（泥浆）以出土井口为止。采用泥水平衡盾构掘进时，井口至泥浆沉淀池或泥水处理场的管路铺设、泥浆泵费用按施工组织设计另行计算。

十四、盾构掘进消耗量中的水按市政供水考虑，采用自然水源时，取水、排水的费用执行国家现行计价依据，并扣除消耗量中水费。

十五、泥水平衡盾构掘进消耗量中已包含泥浆制作、调制费用，泥浆经分离处理后循环使用，泥水分离增加的费用另行计算。泥浆池、沉淀池、泥水分离压滤设备基础费用按设计或施工组织设计另行计算。

十六、泥水平衡盾构掘进排放废浆需压滤处理的，其费用应另计。盾构废浆直接外运执行第三册《桥涵工程》相应项目，数量现场签认，其余渣土场外运输执行第一册《土石方工程》相应项目。盾构掘进的外弃渣土量按盾构机刀盘最大开挖面（按管片外直径加 0.3~0.4m）计算断面面积乘以掘进长度，按体积计算。

十七、消耗量中已包含盾构机、中继泵的人工和电、水的消耗。

十八、因工程建设需要，掘进完成后盾构壳体废弃的，其增加费用另行计算。

十九、盾构掘进消耗量中已考虑管片洞内运输、安装。消耗量中一套管片连接螺栓包含螺杆和管片中预埋的螺栓套,管片连接螺栓应根据设计要求调整数量和规格。

二十、盾构空推拼管片消耗量取定盾构机与设计不同的,按设计替换盾构机类型及规格,其他不变。

二十一、φ≤7 000盾构机组装、始发和接收的钢基座已含在盾构吊装消耗量中。φ>7 000盾构机使用钢基座的,套用本章相应项目,其工程数量应按设计方案或施工组织设计计算。φ>7 000盾构机使用钢筋混凝土基座的,工程数量按设计方案或施工组织设计计算,执行第七章地下混凝土结构相应项目。

二十二、盾构钢基座、钢结构反力架(含钢支撑)项目按现场制作编制。盾构钢基座、钢结构反力架按一次摊销的,应扣除废钢材回收费用;按多次摊销的,可根据施工组织设计分别计算一次制作工程量和安装拆除工程量。

二十三、盾构机停机保压只适用于非施工方原因导致的停机保压,如业主原因导致的接收井不具备接收条件、出现地质勘探资料未揭示导致必须停止盾构掘进的地质条件等特殊情况。

二十四、盾构掘进项目已综合考虑正常掘进时必须的盾构开仓检修、换刀作业等工作内容。盾构开仓项目只适用于非施工方原因导致的盾构开仓作业,如业主提供的设计及地质勘探资料未揭示的硬岩、孤石、断裂带等地质突变及过江、过河、过建筑物、洞内抢险等情况,进仓人数、时间按签证确认,发生的材料、机械台班费用另行计算。

二十五、设计衬砌壁后压浆中的压浆材料与项目不同的,可按实调整,损耗率按5%计算。

二十六、预制混凝土管片采用高精度钢模和高强度等级混凝土,项目中已包含钢模摊销费,场地费用及场外运输费另计,预制场建设执行国家现行计价依据。

二十七、预制钢筋混凝土管片的预埋槽道应根据设计调整数量和规格。

二十八、管片设置密封条项目按三元乙丙橡胶条考虑,设计密封条材料与项目取定不同的,按设计类型和规格调整换算。密封条数量应按设计尺寸调整,其损耗率按2%计算。

二十九、盾构过站的车站长度按260m以内综合考虑,长度超出时可按长度比例调整。

三十、盾构调头费用按盾构拆除和安装各一次考虑。

三十一、柔性接缝环适用于盾构工作井洞门与隧道接缝处。洞口管片与混凝土环圈连接的预埋钢板、锚筋、防水处理等费用按设计要求另计。

三十二、监控、监测是地下建构筑物施工时,反映施工对周围建筑群影响程度的测试手段。本章适用于设计明确或建设单位另有要求监测的工程项目,不适用于对铁路、地铁既有线路、特殊房屋及建筑物的特殊监测。监测单位应及时向建设单位提供可靠的测试数据,工程结束后监测数据立案成册。

工程量计算规则

一、盾构吊装及吊拆。

1. 盾构机吊装、吊拆工程量按设计安、拆次数以"台·次"为单位计算。

2. 车架安装、拆除工程量按设计方案和单线盾构配套的台车数量以"节"为单位计算。

3. $\phi \leqslant 5\,000$、盾构车架数量按盾构机选型确定。盾构机选型不明确时，$\phi \leqslant 6\,500$、$\phi \leqslant 7\,000$、$\phi \leqslant 9\,000$ 盾构车架按 6 节一组计算，$\phi \leqslant 11\,500$、$\phi \leqslant 15\,500$ 盾构车架按 3 节一组计算。

二、盾构掘进。

1. 盾构掘进工程量包括负环段、始发段、正常段、到达段四段长度，分别按下列规定计算。其中，下表长度均为单延米。

（1）负环段长度：从拼装后靠管片起至始发井内壁的距离。

（2）始发段长度：从盾尾离开始发井内壁起，按下表计算掘进长度。

掘进长度表

$\phi \leqslant 5\,000$	$\phi \leqslant 6\,000$	$\phi \leqslant 7\,000$	$\phi \leqslant 9\,000$	$\phi \leqslant 11\,500$	$\phi \leqslant 15\,500$
50m	80m	100m	120m	150m	200m

（3）正常段长度：从始发段掘进结束至到达段掘进开始的全段掘进。

（4）到达段长度：从盾构刀盘切口到接收井内壁的距离，具体按下表计算。

掘进距离表

$\phi \leqslant 5\,000$	$\phi \leqslant 6\,000$	$\phi \leqslant 7\,000$	$\phi \leqslant 9\,000$	$\phi \leqslant 11\,500$	$\phi \leqslant 15\,500$
30m	50m	80m	90m	100m	150m

2. 盾构空推掘进拼管片工程量按空推长度以"m"为单位计算。

3. 盾构停止掘进空转保压工程量按空转保压时间长度以"d"为单位计算。

4. 盾构机开仓工程量按入仓作业的人数、时间以"人·h"为单位计算。

三、衬砌壁后压浆工程量按设计图示尺寸，以盾尾间隙所压的浆液量体积以"m³"为单位计算。设计未明确的，不分盾构机类型及岩层类型，均按管片外径和盾构壳体最大外径（盾构刀盘外径）所形成的充填体积乘以系数 1.72 计算。

四、钢筋混凝土管片。

1. 预制混凝土管片工程量按设计图示尺寸以体积另加 1% 计算，不扣除钢筋、铁件、手孔、凹槽、预留压浆孔道和螺栓所占体积。

2. 管片钢筋工程量按设计图示尺寸，以钢筋理论质量"t"为单位计算，钢筋搭接用量另计。

3. 管片试拼装工程量按每 100 环管片拼装 1 组（3 环）以"组"为单位计算。

4. 管片运输工程量按需运输的管片体积以"m³"为单位计算。

五、钢管片按设计图示尺寸以理论质量"t"为单位计算。

六、管片设置密封条工程量按设计图示数量以"环"为单位计算。

七、柔性接缝环。

1. 临时止水缝和柔性接缝环工程量按设计图示尺寸以管片结构中心线周长"m"为单位计算。

2.临时防水环板工程量按设计图示尺寸以防水环板质量"t"为单位计算。

3.钢环板工程量按钢环板质量以"t"为单位计算。

4.拆除临时防水环板按防水环板质量以"t"为单位计算。

5.洞口混凝土环圈按设计图示尺寸以环圈体积"m³"为单位计算,其钢筋和模板不另行计算。

八、管片嵌缝。

1.管片嵌缝工程量按设计图示数量以"环"为单位计算,设计要求不满环嵌缝时可按比例调整。

2.手孔封堵工程量按设计图示数量以"100个"为单位计算。手孔封堵材料按水泥外加剂考虑,主材不同时,可作调整。

九、负环管片拆除工程量按负环段长度以"m"为单位计算。

十、隧道内管线路拆除工程量按"隧道长度+负环段长度+始发井深度"以"m"为单位计算。

十一、金属构件。

1.金属构件工程量按设计图纸的主材(型钢,钢板,方、圆钢等)的质量以"t"为单位计算,不扣除孔眼、缺角切肢、切边的重量。钢板按照最大外接矩形计算。

2.盾构基座、反力架制作工程量按设计图示尺寸以质量"t"为单位计算。

3.钢支撑工程量按设计图示尺寸以"t"为单位计算,包括活络头、固定头和本体质量,本体质量按固定头计算。

十二、盾构其他工程。

1.盾构泥浆分离、压滤处理工程量按设计图示尺寸,用盾构管片外径形成的面积乘以掘进长度,以体积"m³"为单位计算。

2.盾构过井、过站工程量按设计要求以"台·次"为单位计算。

3.深孔爆破孤石工程量按处理数量以"处"为单位计算;爆破地底基岩工程量按处理体积以"m³"为单位计算。

十三、监测、监控包括监测点布置和监控测试两部分。监测点布置数量根据设计图纸或施工组织设计确定;监控测试以一个施工区域内监控的测定项目划分为三项以内、六项以内和六项以外,以"组·日"为计量单位,监测时间按设计要求或施工组织设计确定。

一、盾构吊装及吊拆

工作内容:起吊机械设备及盾构载运车就位;盾构吊入井底基座,盾构安装。　　　　　　　　　**计量单位:**台

编　号			4-4-1	4-4-2	4-4-3	4-4-4
项　目			盾构整体吊装	盾构分段吊装	盾构分块吊装	
			$\phi 5\,000$ 以内	$\phi 7\,000$ 以内	$\phi 11\,500$ 以内	$\phi 15\,500$ 以内
名　称		单位	消　耗　量			
人工	合计工日		工日	242.400	1 341.000	3 581.533	5 537.669
	其中	普工	工日	121.200	670.500	1 790.766	2 768.834
		一般技工	工日	72.720	402.300	1 074.460	1 661.301
		高级技工	工日	48.480	268.200	716.307	1 107.534
材料	轻轨		kg	—	—	1 417.876	—
	盾构托架		t	0.800	1.380	—	—
	型钢(综合)		kg	500.000	1 140.000	2 463.500	5 649.923
	中厚钢板(综合)		t	0.400	0.825	5.883	14.237
	钢丝绳		kg	155.122	285.000	757.900	1 834.118
	枕木		m³	1.490	2.940	13.533	32.750
	橡胶板 $\delta 3$		kg	27.500	48.750	62.082	150.238
	低碳钢焊条(综合)		kg	30.500	153.000	410.800	994.136
	机油 $10^{\#}\sim14^{\#}$		kg	20.000	33.750	51.675	125.054
	柴油		kg	38.857	75.000	185.640	449.249
	氧气		m³	50.000	180.000	912.600	2 208.492
	乙炔气		kg	19.231	60.000	351.000	849.420
	电		kW·h	1 500.000	2 940.000	6 834.230	12 369.960
	其他材料费		%	8.00	10.00	10.00	10.00
机械	履带式起重机 25t		台班	6.812	—	—	—
	履带式起重机 50t		台班	1.769	—	—	—
	履带式起重机 100t		台班	—	8.000	28.800	52.128
	履带式起重机 200t		台班	3.760	—	—	—
	履带式起重机 300t		台班	—	15.780	16.800	30.408
	交流弧焊机 32kV·A		台班	13.051	59.070	197.885	358.172
	电动双筒慢速卷扬机 100kN		台班	11.269	53.700	179.896	325.610
	电焊条烘干箱 $60\times50\times75(\text{cm}^3)$		台班	1.305	—	6.694	27.231
	门式起重机 50t		台班	—	18.000	60.300	109.143

工作内容:拆除盾构与车架连杆;起吊机械及附属设备就位;盾构整体吊出井口,
上托架装车。

计量单位:台

编　号			4-4-5	4-4-6	4-4-7	4-4-8
项　目			盾构整体吊拆	盾构分段吊拆	盾构分块吊拆	
			ϕ 5 000 以内	ϕ 7 000 以内	ϕ 11 500 以内	ϕ 15 500 以内
名　称		单位	消　耗　量			
人工	合计工日		工日	193.600	1 071.000	1 928.518	2 661.750
	其中	普工	工日	96.800	535.500	964.259	1 330.875
		一般技工	工日	58.080	321.300	578.555	798.525
		高级技工	工日	38.720	214.200	385.704	532.350
材料	轻轨		kg	—	—	763.471	—
	型钢(综合)		kg	350.000	795.000	1 326.500	2 042.200
	盾构托架		t	0.640	1.110	—	—
	中厚钢板(综合)		t	0.240	0.495	3.168	7.667
	钢丝绳		kg	155.122	285.000	408.100	987.602
	枕木		m³	1.490	2.940	7.287	17.635
	橡胶板		kg	—	—	33.753	81.682
	低碳钢焊条(综合)		kg	14.280	25.500	207.124	501.240
	机油 10#~14#		kg	4.000	6.750	27.825	67.337
	柴油		kg	46.629	90.000	99.960	241.903
	氧气		m³	75.000	450.000	491.400	1 189.188
	乙炔气		kg	28.846	173.077	188.846	457.380
	电		kW·h	749.700	1 470.000	3 417.110	6 184.980
	其他材料费		%	7.00	9.00	10.00	10.00
机械	履带式起重机 25t		台班	5.095	—	10.837	—
	履带式起重机 40t		台班	—	—	11.308	—
	履带式起重机 50t		台班	1.415	—	—	—
	履带式起重机 60t		台班	—	—	56.538	—
	履带式起重机 100t		台班	—	6.400	23.040	41.702
	履带式起重机 200t		台班	3.008	—	—	—
	履带式起重机 300t		台班	—	12.630	13.440	24.326
	门式起重机 10t		台班	—	—	24.150	83.720
	汽车式起重机 150t		台班	—	—	4.830	38.088
	电动双筒慢速卷扬机 100kN		台班	6.369	26.850	89.948	162.805
	交流弧焊机 32kV·A		台班	7.189	10.835	39.577	71.634
	电动空气压缩机 20m³/min		台班	—	—	—	100.352
	二氧化碳气体保护焊机 250A		台班	—	—	—	148.303
	电焊条烘干箱 60×50×75(cm³)		台班	0.719	0.894	3.971	14.830
	门式起重机 50t		台班	—	14.400	48.240	87.314

工作内容: 1. 安装:车架吊入井底;井下组装就位与盾构连接;车架上设备安装、
电水气管安装。

2. 拆除:车架及附属设备拆除;吊出井口,装车安放。   计量单位:节

编　号		4-4-9	4-4-10	4-4-11	4-4-12	4-4-13	4-4-14
项　目		车架安装(t 以内)			车架拆除(t 以内)		
		30	50	100	30	50	100
名　称	单位	消　耗　量					
人工 合计工日	工日	31.875	38.250	229.722	28.688	34.425	156.406
其中 普工	工日	16.592	19.125	114.861	14.344	17.213	78.203
一般技工	工日	9.563	11.475	68.917	8.606	10.328	46.922
高级技工	工日	6.375	7.650	45.944	5.738	6.885	31.281
材料 六角螺栓带螺母 M12×200	kg	39.200	38.400	—	—	—	—
轻轨	kg	127.500	130.000	—	—	—	—
枕木	m³	0.281	0.313	—	0.322	0.364	—
中厚钢板(综合)	t	0.300	0.360	—	0.169	0.208	—
氧气	m³	8.679	9.468	128.291	11.286	12.312	48.873
乙炔气	kg	3.338	3.642	49.343	4.341	4.735	18.797
低碳钢焊条(综合)	kg	3.978	4.590	116.185	1.913	2.295	56.291
型钢(综合)	t	—	—	30.037	—	—	10.410
二氧化碳气体	m³	—	—	42.764	—	—	—
白油漆	kg	—	—	12.180	—	—	—
砂轮片	片	—	—	600.583	—	—	180.175
白布	kg	—	—	200.198	—	—	75.074
其他材料费	%	7.00	7.00	10.00	10.00	10.00	15.00
机械 履带式起重机 100t	台班	0.658	0.790	—	0.625	0.750	—
门式起重机 50t	台班	0.744	0.892	3.666	0.706	0.848	1.311
汽车式起重机 150t	台班	—	—	4.293	—	—	—
汽车式起重机 200t	台班	—	—	18.707	—	—	15.799
电动双筒慢速卷扬机 100kN	台班	1.813	2.175	—	1.450	1.740	—
立式油压千斤顶 100t	台班	—	—	948.827	—	—	719.440
交流弧焊机 32kV·A	台班	3.750	4.500	36.667	1.875	2.250	27.793
电焊条烘干箱 60×50×75(cm³)	台班	0.284	0.328	6.110	0.137	0.164	4.631

二、盾 构 掘 进

工作内容：操作盾构掘进机；切割土体、干式出土；管片洞内运输、拼装；连接螺栓紧
固，装拉杆；施工管线路铺设、照明、运输、供气、通风；施工测量、通信；一
般故障排除；井口土方装车或堆放。

计量单位：m

	编 号		4-4-15	4-4-16	4-4-17	4-4-18
	项 目		$\phi \leqslant 5\,000$ 复合式土压平衡盾构掘进			
			负环段掘进	始发段掘进	正常段掘进	到达段掘进
	名 称	单位	消 耗 量			
人工	合计工日	工日	44.160	17.664	15.152	17.287
	其中 普工	工日	22.080	8.832	7.576	8.643
	一般技工	工日	13.248	5.299	4.546	5.186
	高级技工	工日	8.832	3.533	3.030	3.457
材料	预拌混凝土 C20	m³	0.310	—	—	—
	管片连接螺栓	10套	0.933	1.867	1.867	1.867
	盾构油脂	kg	10.891	10.891	10.891	10.891
	HBW 油脂	kg	4.740	4.740	4.740	4.740
	EP2 油脂	kg	3.171	3.171	3.171	3.171
	泡沫添加剂	kg	—	13.415	13.415	13.415
	盾构刀具费	元	638.38	638.38	638.38	638.38
	走道板	kg	8.947	8.947	8.947	8.947
	低碳钢焊条（综合）	kg	2.170	—	—	—
	膨润土	kg	140.400	140.400	140.400	140.400
	钢管栏杆	kg	6.817	6.817	6.817	6.817
	镀锌钢管	kg	2.437	2.437	2.437	2.437
	风管	kg	7.931	7.931	7.931	7.931
	橡套电力电缆 YHC $3 \times 16\text{mm}^2 + 1 \times 6\text{mm}^2$	m	0.420	0.420	0.420	0.420
	橡套电力电缆 YHC $3 \times 50\text{mm}^2 + 1 \times 6\text{mm}^2$	m	0.420	0.420	0.420	0.420
	金属支架	kg	6.421	6.421	6.421	6.421
	钢支撑	kg	18.917	—	—	—
	轻轨	kg	3.748	3.748	3.748	3.748
	钢轨枕	kg	8.392	8.392	8.392	8.392
	水	m³	0.135	29.436	23.167	28.753
	电	kW·h	1 674.389	1 529.082	858.211	1 469.228
	其他材料费	%	1.00	1.00	1.00	1.00
机械	轴流通风机 100kW	台班	0.584	0.551	0.608	0.767
	轨道车 210kW	台班	—	0.386	0.189	0.553
	履带式起重机 50t	台班	0.675	—	—	—
	轨道平车 20t	台班	—	0.774	0.378	1.107
	门式起重机 20t	台班	0.660	0.411	0.197	0.588
	电动空气压缩机 10m³/min	台班	0.550	—	—	—
	电动单级离心清水泵 200mm	台班	0.691	0.454	0.221	0.651
	交流弧焊机 32kV·A	台班	1.523	0.502	0.243	0.708
	复合式土压平衡盾构掘进机 5 000mm	台班	0.580	1.140	0.600	0.760
	电焊条烘干箱 $60 \times 50 \times 75 (\text{cm}^3)$	台班	0.152	0.050	0.024	0.071
	硅整流充电机 90A/190V	台班	—	0.333	0.165	0.481

工作内容：操作盾构掘进机；切割土体、干式出土；管片洞内运输、拼装；连接螺栓紧
固，装拉杆；施工管线路铺设、照明、运输、供气、通风；施工测量、通信；一
般故障排除；井口土方装车或堆放。

计量单位：m

编 号			4-4-19	4-4-20	4-4-21	4-4-22
项 目			$\phi \leqslant 6\,500$复合式土压平衡盾构掘进			
			负环段掘进	始发段掘进	正常段掘进	到达段掘进
名 称		单位	消 耗 量			
人工	合计工日	工日	63.434	23.239	18.952	21.611
	其中 普工	工日	31.717	11.620	9.476	10.806
	一般技工	工日	19.030	6.972	5.686	6.483
	高级技工	工日	12.687	4.648	3.790	4.322
材料	预拌混凝土 C20	m³	0.480	—	—	—
	管片连接螺栓	10套	0.933	1.867	1.867	1.867
	盾构油脂	kg	22.709	22.709	22.709	22.709
	HBW 油脂	kg	9.886	9.886	9.886	9.886
	EP2 油脂	kg	6.616	6.616	6.616	6.616
	泡沫添加剂	kg	—	27.985	27.985	27.985
	盾构刀具费	元	1 331.70	1 331.70	1 331.70	1 331.70
	走道板	kg	18.656	18.656	18.656	18.656
	钢轨枕	kg	17.499	17.499	17.499	17.499
	金属支架	kg	13.389	13.389	13.389	13.389
	风管	kg	16.536	16.536	16.536	16.536
	钢支撑	kg	39.463	—	—	—
	低碳钢焊条（综合）	kg	4.530	—	—	—
	膨润土	kg	293.400	293.400	293.400	293.400
	橡套电力电缆 YHC $3 \times 16mm^2 + 1 \times 6mm^2$	m	0.420	0.420	0.420	0.420
	橡套电力电缆 YHC $3 \times 50mm^2 + 1 \times 6mm^2$	m	0.420	0.420	0.420	0.420
	钢管栏杆	kg	14.214	14.214	14.214	14.214
	镀锌钢管	kg	5.081	5.081	5.081	5.081
	电	kW·h	1 967.458	1 769.958	1 192.943	1 627.380
	水	m³	0.145	35.742	28.134	33.397
	其他材料费	%	1.00	1.00	1.00	1.00
机械	电动单级离心清水泵 200mm	台班	1.440	0.947	0.460	1.358
	轨道平车 30t	台班	—	1.615	0.789	2.307
	门式起重机 30t	台班	1.375	0.856	0.411	1.226
	轴流通风机 100kW	台班	1.217	1.150	1.267	1.600
	电动空气压缩机 10m³/min	台班	1.147	—	—	—
	履带式起重机 50t	台班	1.408	—	—	—
	电焊条烘干箱 $60 \times 50 \times 75$（cm³）	台班	0.317	0.105	0.051	0.148
	轨道车 210kW	台班	—	0.804	0.395	1.154
	复合式土压平衡盾构掘进机 6 500mm	台班	0.497	0.830	0.525	0.650
	硅整流充电机 90A/190V	台班	—	0.694	0.343	1.002

工作内容: 操作盾构掘进机;切割土体、干式出土;管片洞内运输、拼装;连接螺栓紧固,装拉杆;施工管线路铺设、照明、运输、供气、通风;施工测量、通信;一般故障排除;井口土方装车或堆放。

计量单位:m

编　号			4-4-23	4-4-24	4-4-25	4-4-26
项　目			$\phi \le 7\,000$ 复合式土压平衡盾构掘进			
			负环段掘进	始发段掘进	正常段掘进	到达段掘进
名　称		单位	消　耗　量			
人工	合计工日		工日	63.434	23.239	18.952	21.611
	其中	普工	工日	31.717	11.620	9.476	10.806
		一般技工	工日	19.030	6.972	5.686	6.483
		高级技工	工日	12.687	4.648	3.790	4.322
材料	预拌混凝土 C20		m³	0.560	—	—	—
	管片连接螺栓		10 套	0.933	1.867	1.867	1.867
	盾构油脂		kg	28.072	28.072	28.072	28.072
	HBW 油脂		kg	12.216	12.216	12.216	12.216
	EP2 油脂		kg	8.175	8.175	8.175	8.175
	泡沫添加剂		kg	—	34.582	34.582	34.582
	盾构刀具费		元	1 645.66	1 645.66	1 645.66	1 645.66
	钢轨枕		kg	21.630	21.630	21.630	21.630
	轻轨		kg	19.320	19.320	19.320	19.320
	走道板		kg	23.060	23.060	23.060	23.060
	金属支架		kg	16.550	16.550	16.550	16.550
	风管		kg	20.440	20.440	20.440	20.440
	钢支撑		kg	48.766	48.766	48.766	48.766
	低碳钢焊条(综合)		kg	5.660	—	—	—
	钢管栏杆		kg	17.570	17.570	17.570	17.570
	镀锌钢管		kg	6.280	6.280	6.280	6.280
	膨润土		kg	362.700	362.700	362.700	362.700
	橡套电力电缆 YHC $3 \times 16mm^2 + 1 \times 6mm^2$		m	0.420	0.420	0.420	0.420
	橡套电力电缆 YHC $3 \times 50mm^2 + 1 \times 6mm^2$		m	0.420	0.420	0.420	0.420
	水		m³	0.165	42.035	33.125	37.357
	电		kW·h	2 193.110	2 031.386	1 400.860	1 825.129
	其他材料费		%	1.00	1.00	1.00	1.00
机械	轨道平车 30t		台班		1.996	0.975	2.852
	电焊条烘干箱 $60 \times 50 \times 75 (cm^3)$		台班	0.392	0.130	0.063	0.183
	交流弧焊机 32kV·A		台班	3.925	1.295	0.627	1.826
	电动单级离心清水泵 200mm		台班	1.780	1.170	0.569	1.679
	轴流通风机 100kW		台班	1.504	1.421	1.566	1.978
	履带式起重机 50t		台班	1.740	—	—	—
	电动空气压缩机 10m³/min		台班	1.418			
	复合式土压平衡盾构掘进机 7 000mm		台班	0.497	0.830	0.525	0.650
	门式起重机 30t		台班	1.700	1.058	0.508	1.516
	轨道车 210kW		台班	—	0.994	0.488	1.426
	硅整流充电机 90A/190V		台班	—	0.858	0.424	1.239

工作内容: 操作盾构掘进机;切割土体、干式出土;管片洞内运输、拼装;连接螺栓紧
固,装拉杆;施工管线路铺设、照明、运输、供气、通风;施工测量、通信;一
般故障排除;井口土方装车或堆放。

计量单位:m

编　号			4-4-27	4-4-28	4-4-29	4-4-30
项　目			$\phi \leqslant 9\,000$ 复合式土压平衡盾构掘进			
			负环段掘进	始发段掘进	正常段掘进	到达段掘进
名　称		单位	消　耗　量			
人工	合计工日		工日	77.168	37.024	20.714	25.895
	其中	普工	工日	38.584	18.512	10.357	12.948
		一般技工	工日	23.150	11.107	6.214	7.769
		高级技工	工日	15.434	7.405	4.143	5.179
材料	预拌混凝土 C20		m³	0.717	—	—	—
	管片连接螺栓		10套	1.042	2.083	2.083	2.083
	盾构油脂		kg	45.980	45.980	45.980	45.980
	HBW 油脂		kg	21.580	21.580	21.580	21.580
	EP2 油脂		kg	14.440	14.440	14.440	14.440
	泡沫添加剂		kg	—	54.980	54.980	54.980
	盾构刀具费		元	2 907.00	2 907.00	2 907.00	2 907.00
	低碳钢焊条(综合)		kg	5.600	—	—	—
	走道板		kg	20.310	20.310	20.310	20.310
	膨润土		kg	640.000	640.000	640.000	640.000
	钢管栏杆		kg	15.480	15.480	15.480	15.480
	镀锌钢管		kg	5.530	5.530	5.530	5.530
	风管		kg	0.527	0.527	0.527	0.527
	橡套电力电缆 YHC $3 \times 16mm^2 + 1 \times 6mm^2$		m	0.420	0.420	0.420	0.420
	橡套电力电缆 YHC $3 \times 50mm^2 + 1 \times 6mm^2$		m	0.420	0.420	0.420	0.420
	金属支架		kg	14.580	14.580	14.580	14.580
	钢支撑		kg	77.530	—	—	—
	轻轨		kg	0.011	0.011	0.011	0.011
	钢轨枕		kg	20.955	20.955	20.955	20.955
	水		m³	0.185	96.509	53.015	66.710
	电		kW·h	3 428.271	3 274.425	1 802.493	2 266.110
	其他材料费		%	1.00	1.00	1.00	1.00
机械	履带式起重机 50t		台班	1.155	0.192	0.143	0.164
	门式起重机 50t		台班	1.478	0.650	0.525	0.605
	轨道平车 30t		台班	—	3.720	2.060	2.604
	电瓶车 10t		台班	—	1.860	1.032	1.296
	电动单级离心清水泵 200mm		台班	2.100	1.980	1.090	1.380
	交流弧焊机 32kV·A		台班	4.510	2.100	1.176	1.488
	电焊条烘干箱 60×50×75(cm³)		台班	0.451	0.210	0.118	0.149
	电动空气压缩机 10m³/min		台班	1.970	—	—	—
	复合式土压平衡盾构掘进机 9 000mm		台班	0.512	0.855	0.541	0.670
	轴流通风机 7.5kW		台班	1.750	—	—	—
	轴流通风机 100kW		台班	—	1.656	1.824	2.304
	硅整流充电机 90A/190V		台班	—	1.680	0.924	1.161

工作内容： 操作盾构掘进机；切割土体、干式出土；管片洞内运输、拼装；连接螺栓紧固，装拉杆；施工管线路铺设、照明、运输、供气、通风；施工测量、通信；一般故障排除；井口土方装车或堆放。

计量单位：m

	编　　号		4-4-31	4-4-32	4-4-33	4-4-34
	项　　目		$\phi \leqslant 11\,500$ 复合式土压平衡盾构掘进			
			负环段掘进	始发段掘进	正常段掘进	到达段掘进
	名　　称	单位	消　耗　量			
人工	合计工日	工日	128.921	63.228	35.375	44.223
	其中　普工	工日	64.460	31.614	17.687	22.112
	一般技工	工日	38.676	18.968	10.612	13.267
	高级技工	工日	25.784	12.646	7.075	8.845
材料	预拌混凝土 C20	m³	0.717	—	—	—
	管片连接螺栓	kg	1.800	3.600	3.600	3.600
	盾构油脂	kg	78.523	78.523	78.523	78.523
	HBW 油脂	kg	36.854	36.854	36.854	36.854
	EP2 油脂	kg	24.660	24.660	24.660	24.660
	泡沫添加剂	kg	—	74.980	74.980	74.980
	盾构刀具费	元	4 964.50	4 964.50	4 964.50	4 964.50
	低碳钢焊条（综合）	kg	9.564	—	—	—
	走道板	kg	34.685	34.685	34.685	34.685
	膨润土	kg	1 093.000	1 093.000	1 093.000	1 093.000
	钢管栏杆	kg	26.436	26.436	26.436	26.436
	镀锌钢管	kg	9.444	9.444	9.444	9.444
	风管	kg	0.900	0.900	0.900	0.900
	橡套电力电缆 YHC $3 \times 16\text{mm}^2 + 1 \times 6\text{mm}^2$	m	0.420	0.420	0.420	0.420
	橡套电力电缆 YHC $3 \times 50\text{mm}^2 + 1 \times 6\text{mm}^2$	m	0.420	0.420	0.420	0.420
	金属支架	kg	24.899	24.899	24.899	24.899
	钢支撑	kg	226.116	—	—	—
	轻轨	kg	0.019	0.019	0.019	0.019
	钢轨枕	kg	61.115	35.786	35.786	35.786
	水	m³	0.316	113.926	90.538	164.816
	电	kW·h	5 854.711	5 591.977	3 078.250	3 869.562
	其他材料费	%	1.00	1.00	1.00	1.00
机械	履带式起重机 50t	台班	1.972	0.280	0.244	0.328
	门式起重机 50t	台班	2.524	1.033	0.897	1.110
	轨道平车 30t	台班	—	4.447	3.518	6.353
	轨道车 210kW	台班	—	2.213	1.762	3.176
	电动单级离心清水泵 200mm	台班	3.586	2.357	1.861	3.381
	交流弧焊机 32kV·A	台班	7.702	2.541	2.008	3.586
	电焊条烘干箱 $60 \times 50 \times 75(\text{cm}^3)$	台班	0.770	0.254	0.202	0.359
	电动空气压缩机 10m³/min	台班	3.364	—	—	—
	复合式土压平衡盾构掘进机 11 500mm	台班	0.512	0.855	0.541	0.670
	轴流通风机 7.5kW	台班	2.989	—	—	—
	轴流通风机 100kW	台班	—	3.935	3.115	2.828
	硅整流充电机 90A/190V	台班	—	1.983	1.578	2.869

工作内容: 操作盾构掘进机;高压供水、水力出土;管片洞内运输、拼装;连接螺栓紧
固,紧拉杆;施工管线路铺设、照明、运输、供气、通风;施工测量、通信;一
般故障排除;排泥水输出井口存放或装车。

计量单位:m

	编　　号		4-4-35	4-4-36	4-4-37	4-4-38
	项　　目		φ≤5 000复合式泥水平衡盾构掘进			
			负环段掘进	始发段掘进	正常段掘进	到达段掘进
	名　　称	单位	消　　耗　　量			
人工	合计工日	工日	46.625	19.521	15.920	18.153
	其中 普工	工日	23.312	9.760	7.960	9.077
	一般技工	工日	13.987	5.856	4.776	5.446
	高级技工	工日	9.325	3.904	7.960	3.631
材料	预拌混凝土 C20	m³	0.560	—	—	—
	管片连接螺栓	10套	0.933	1.867	1.867	1.867
	盾构油脂	kg	10.902	10.902	10.902	10.902
	HBW油脂	kg	4.745	4.745	4.745	4.745
	EP2油脂	kg	3.175	3.175	3.175	3.175
	泡沫添加剂	kg	—	13.434	13.434	13.434
	盾构刀具费	元	639.29	639.29	639.29	639.29
	低碳钢焊条(综合)	kg	2.175	—	—	—
	走道板	kg	6.964	6.964	6.964	6.964
	膨润土	kg	140.400	140.400	140.400	140.400
	钢管栏杆	kg	5.309	5.309	5.309	5.309
	镀锌钢管	kg	1.899	1.899	1.899	1.899
	风管	kg	6.175	6.175	6.175	6.175
	橡套电力电缆 YHC 3×16mm²+1×6mm²	m	0.420	0.420	0.420	0.420
	橡套电力电缆 YHC 3×50mm²+1×6mm²	m	0.420	0.420	0.420	0.420
	焊接钢管 DN200	kg	11.333	11.333	11.333	11.333
	无缝钢管(综合)	t	0.020	0.020	0.020	0.020
	金属支架	kg	4.999	4.999	4.999	4.999
	钢支撑	kg	72.139	—	—	—
	轻轨	kg	2.917	2.917	2.917	2.917
	钢轨枕	kg	6.533	6.533	6.533	6.533
	水	m³	0.120	39.493	26.328	33.450
	电	kW·h	1 872.325	2 046.187	1 126.375	1 416.088
	其他材料费	%	1.00	1.00	1.00	1.00
机械	履带式起重机 25t	台班	0.419	0.072	0.038	0.094
	轨道平车 5t	台班	—	0.672	0.357	0.865
	轨道车 210kW	台班	—	0.336	0.178	0.433
	电动单级离心清水泵 200mm	台班	0.668	1.087	0.579	1.402
	电动多级离心清水泵 150mm 180m以下	台班	0.668	1.087	0.579	1.402
	交流弧焊机 32kV·A	台班	1.433	0.586	0.311	0.753
	电动空气压缩机 10m³/min	台班	0.380	—	—	—
	泥浆制作循环设备	台班	0.219	0.438	0.348	0.654
	轴流通风机 100kW	台班	—	0.586	0.482	0.909
	硅整流充电机 90A/190V	台班	—	0.303	0.160	0.390
	复合式泥水平衡盾构掘进机 5 000mm	台班	0.560	1.090	0.580	0.730
	门式起重机 50t	台班	0.536	0.536	0.536	0.536

工作内容: 操作盾构掘进机;高压供水、水力出土;管片洞内运输、拼装;连接螺栓紧
固,紧拉杆;施工管线路铺设、照明、运输、供气、通风;施工测量、通信;一
般故障排除;排泥水输出井口存放或装车。

计量单位:m

	编　号		4-4-39	4-4-40	4-4-41	4-4-42
	项　目		φ≤6 500 复合式泥水平衡盾构掘进			
			负环段掘进	始发段掘进	正常段掘进	到达段掘进
	名　称	单位	消　耗　量			
人工	合计工日	工日	66.606	24.401	19.900	22.692
	其中 普工	工日	33.303	12.201	9.950	11.346
	一般技工	工日	13.321	7.320	5.970	6.808
	高级技工	工日	13.321	4.880	3.980	4.538
材料	预拌混凝土 C20	m³	0.560	—	—	—
	管片连接螺栓	10 套	0.933	1.867	1.867	1.867
	盾构油脂	kg	22.723	22.723	22.723	22.723
	HBW 油脂	kg	9.892	9.892	9.892	9.892
	EP2 油脂	kg	6.618	6.618	6.618	6.618
	泡沫添加剂	kg	—	28.000	28.000	28.000
	盾构刀具费	元	1 332.42	1 332.42	1 332.42	1 332.42
	低碳钢焊条(综合)	kg	4.533	—	—	—
	镀锌钢管	kg	3.958	3.958	3.958	3.958
	走道板	kg	17.680	17.680	17.680	17.680
	钢管栏杆	kg	11.066	11.066	11.066	11.066
	膨润土	kg	293.400	293.400	293.400	293.400
	风管	kg	12.871	12.871	12.871	12.871
	橡套电力电缆 YHC 3×16mm²+1×6mm²	m	0.420	0.420	0.420	0.420
	橡套电力电缆 YHC 3×50mm²+1×6mm²	m	0.420	0.420	0.420	0.420
	无缝钢管(综合)	t	0.040	0.040	0.040	0.040
	焊接钢管 DN200	kg	23.621	23.621	23.621	23.621
	金属支架	kg	10.418	10.418	10.418	10.418
	钢支撑	kg	150.354	—	—	—
	轻轨	kg	6.079	6.079	6.079	6.079
	钢轨枕	kg	13.616	13.616	13.616	13.616
	水	m³	0.150	40.617	31.970	37.953
	电	kW·h	2 102.374	2 237.626	1 541.476	1 690.650
	其他材料费	%	1.00	1.00	1.00	1.00
机械	履带式起重机 25t	台班	0.873	0.151	0.080	0.195
	轨道平车 5t	台班	—	1.400	0.743	1.804
	轨道车 210kW	台班	—	0.700	0.372	0.902
	电动多级离心清水泵 150mm 180m 以下	台班	1.392	2.267	1.206	2.922
	交流弧焊机 32kV·A	台班	2.987	1.222	0.648	1.570
	电动空气压缩机 10m³/min	台班	0.792			
	泥浆制作循环设备	台班	0.295	0.590	0.473	0.760
	轴流通风机 100kW	台班	—	1.222	1.004	1.892
	硅整流充电机 90A/190V	台班	—	0.631	0.334	0.812
	门式起重机 50t	台班	1.117	0.193	0.103	0.250
	电动单级离心清水泵 200mm	台班	1.392	2.267	1.206	2.922
	中继泵 200kW	台班	0.440	0.354	0.284	0.456
	复合式泥水平衡盾构掘进机 6 500mm	台班	0.440	0.760	0.473	0.590

工作内容:操作盾构掘进机;高压供水、水力出土;管片洞内运输、拼装;连接螺栓紧固,紧拉杆;施工管线路铺设、照明、运输、供气、通风;施工测量、通信;一般故障排除;排泥水输出井口存放或装车。

计量单位:m

	编　号		4-4-43	4-4-44	4-4-45	4-4-46
	项　目		$\phi \leqslant 7\,000$ 复合式泥水平衡盾构掘进			
			负环段掘进	始发段掘进	正常段掘进	到达段掘进
	名　称	单位	消　耗　量			
人工	合计工日	工日	66.606	24.401	19.900	22.692
	其中 普工	工日	33.303	12.201	9.950	11.346
	其中 一般技工	工日	19.982	7.320	5.970	6.808
	其中 高级技工	工日	13.321	4.880	3.980	4.538
材料	预拌混凝土 C20	m³	0.560	—	—	—
	管片连接螺栓	10 套	0.933	1.867	1.867	1.867
	盾构油脂	kg	28.072	28.072	28.072	28.072
	HBW 油脂	kg	12.219	12.219	12.219	12.219
	EP2 油脂	kg	8.176	8.176	8.176	8.176
	泡沫添加剂	kg	—	34.590	34.590	34.590
	盾构刀具费	元	1 646.02	1 646.02	1 646.02	1 646.02
	镀锌钢管	kg	4.890	4.890	4.890	4.890
	膨润土	kg	362.700	362.700	362.700	362.700
	走道板	kg	17.930	17.930	17.930	17.930
	钢管栏杆	kg	13.670	13.670	13.670	13.670
	风管	kg	15.900	15.900	15.900	15.900
	橡套电力电缆 YHC $3 \times 16mm^2 + 1 \times 6mm^2$	m	0.420	0.420	0.420	0.420
	橡套电力电缆 YHC $3 \times 50mm^2 + 1 \times 6mm^2$	m	0.420	0.420	0.420	0.420
	焊接钢管 DN200	kg	29.180	29.180	29.180	29.180
	无缝钢管(综合)	t	0.040	0.040	0.040	0.040
	低碳钢焊条(综合)	kg	6.720	—	—	—
	金属支架	kg	12.870	12.870	12.870	12.870
	钢支撑	kg	185.740	—	—	—
	轻轨	kg	7.510	7.510	7.510	7.510
	钢轨枕	kg	16.820	16.820	16.820	16.820
	水	m³	0.180	47.767	37.612	42.418
	电	kW·h	2 425.816	2 581.876	1 778.626	1 950.750
	其他材料费	%	1.00	1.00	1.00	1.00
机械	履带式起重机 25t	台班	1.078	0.186	0.099	0.241
	轨道平车 5t	台班	—	1.730	0.918	2.228
	轨道车 210kW	台班	—	0.865	0.459	1.114
	电动单级离心清水泵 200mm	台班	1.720	2.800	1.490	3.610
	电动多级离心清水泵 150mm 180m 以下	台班	1.720	2.800	1.490	3.610
	交流弧焊机 32kV·A	台班	3.690	1.510	0.800	1.940
	电动空气压缩机 10m³/min	台班	0.978	—	—	—
	泥浆制作循环设备	台班	0.295	0.590	0.473	0.760
	轴流通风机 100kW	台班	—	1.510	1.240	2.340
	硅整流充电机 90A/190V	台班	—	0.779	0.413	1.003
	中继泵 200kW	台班	0.440	0.354	0.284	0.456
	复合式泥水平衡盾构掘进机 7 000mm	台班	0.440	0.760	0.473	0.590
	门式起重机 75t	台班	1.380	0.238	0.127	0.309

工作内容： 操作盾构掘进机；高压供水、水力出土；管片洞内运输、拼装；连接螺栓紧
固，紧拉杆；施工管线路铺设、照明、运输、供气、通风；施工测量、通信；一
般故障排除；排泥水输出井口存放或装车。

计量单位：m

	编　号		4-4-47	4-4-48	4-4-49	4-4-50
	项　目		$\phi \leqslant 9\,000$ 复合式泥水平衡盾构掘进			
			负环段掘进	始发段掘进	正常段掘进	到达段掘进
	名　称	单位	消　耗　量			
人工	合计工日	工日	82.647	39.652	22.185	27.734
	其中 普工	工日	41.324	19.826	11.092	13.867
	一般技工	工日	24.794	11.896	6.655	8.320
	高级技工	工日	16.529	7.930	4.437	5.547
材料	预拌混凝土 C20	m³	0.717	—	—	—
	管片连接螺栓	10 套	1.200	2.400	2.400	2.400
	盾构油脂	kg	45.980	45.980	45.980	45.980
	HBW 油脂	kg	21.580	21.580	21.580	21.580
	EP2 油脂	kg	14.440	14.440	14.440	14.440
	泡沫添加剂	kg	—	54.980	54.980	54.980
	盾构刀具费	元	2 907.00	2 907.00	2 907.00	2 907.00
	走道板	kg	20.310	20.310	20.310	20.310
	橡套电力电缆 YHC $3 \times 16mm^2 + 1 \times 6mm^2$	m	0.420	0.420	0.420	0.420
	塑料绝缘电力电缆 VV $3 \times 240mm^2$ 10kV	m	0.420	0.420	0.420	0.420
	金属支架	kg	14.580	14.580	14.580	14.580
	钢管栏杆	kg	15.480	15.480	15.480	15.480
	膨润土	kg	640.000	640.000	640.000	640.000
	焊接钢管 DN80	kg	5.530	5.530	5.530	5.530
	无缝钢管（综合）	t	0.065	0.065	0.065	0.065
	高压风管	m	0.527	0.527	0.527	0.527
	低碳钢焊条（综合）	kg	5.600	—	—	—
	钢支撑	kg	77.530	—	—	—
	轻轨	kg	0.011	0.011	0.011	0.011
	钢轨枕	kg	20.955	20.955	20.955	20.955
	水	m³	0.214	111.950	61.497	77.383
	电	kW·h	4 228.000	4 500.000	3 100.000	3 400.000
	其他材料费	%	1.00	1.00	1.00	1.00
机械	门式起重机 50t	台班	1.051	0.707	0.571	0.658
	电动单级离心清水泵 200mm	台班	2.100	1.380	1.090	1.980
	电动多级离心清水泵 150mm 180m 以下	台班	2.100	1.380	1.090	1.980
	交流弧焊机 32kV·A	台班	4.510	2.100	1.176	1.488
	泥浆制作循环设备	台班	0.465	0.929	0.588	0.727
	轴流通风机 100kW	台班	—	1.656	1.824	2.304
	硅整流充电机 90A/190V	台班	—	1.260	0.693	0.871
	中继泵 500kW	台班	0.636	0.431	0.336	0.600
	履带式起重机 50t	台班	0.821	0.268	0.124	0.208
	轨道平车 20t	台班	—	2.790	1.545	1.953
	轨道车 210kW	台班	—	1.395	0.774	0.972
	电焊条烘干箱 $60 \times 50 \times 75$（cm³）	台班	0.451	0.210	0.118	0.149
	电动空气压缩机 6m³/min	台班	1.970	—	—	—
	复合式泥水平衡盾构掘进机 9 000mm	台班	0.556	0.929	0.588	0.727
	轴流通风机 7.5kW	台班	1.750	—	—	—

工作内容:操作盾构掘进机;高压供水、水力出土;管片洞内运输、拼装;连接螺栓紧
固,紧拉杆;施工管线路铺设、照明、运输、供气、通风;施工测量、通信;一
般故障排除;排泥水输出井口存放或装车。　　　　　　　　　　　计量单位:m

编　号			4-4-51	4-4-52	4-4-53	4-4-54
项　目			φ≤11 500复合式泥水平衡盾构掘进			
			负环段掘进	始发段掘进	正常段掘进	到达段掘进
名　称		单位	消　耗　量			
人工	合计工日	工日	141.143	67.717	37.887	47.364
	其中 普工	工日	70.571	33.858	18.943	23.682
	一般技工	工日	42.343	20.315	11.366	14.209
	高级技工	工日	28.229	13.543	7.577	9.473
材料	预拌混凝土 C20	m³	0.717	—	—	—
	管片连接螺栓	kg	1.800	3.600	3.600	3.600
	盾构油脂	kg	78.523	78.523	78.523	78.523
	HBW 油脂	kg	36.854	36.854	36.854	36.854
	EP2 油脂	kg	24.660	24.660	24.660	24.660
	泡沫添加剂	kg	—	73.893	73.893	73.893
	盾构刀具费	元	3 964.50	3 964.50	3 964.50	3 964.50
	膨润土	kg	892.975	892.975	892.975	892.975
	钢管栏杆	kg	26.436	26.436	26.436	26.436
	走道板	kg	34.685	34.685	34.685	34.685
	橡套电力电缆 YHC 3×16mm²+1×6mm²	m	0.420	0.420	0.420	0.420
	塑料绝缘电力电缆 VV 3×240mm² 10kV	m	0.420	0.420	0.420	0.420
	金属支架	kg	24.899	24.899	24.899	24.899
	钢支撑	kg	132.404	—	—	—
	无缝钢管(综合)	t	0.044	0.044	0.044	0.044
	焊接钢管 φ600 以内	t	0.654	0.321	0.321	0.321
	焊接钢管 DN80	kg	9.444	9.444	9.444	9.444
	高压风管	m	0.900	0.900	0.900	0.900
	低碳钢焊条(综合)	kg	9.564	—	—	—
	轻轨	kg	0.019	0.019	0.019	0.019
	钢轨枕	kg	35.786	35.786	35.786	35.786
	水	m³	0.365	132.153	105.023	191.185
	电	kW·h	6 220.467	6 684.982	4 294.099	4 806.431
	其他材料费	%	1.00	1.00	1.00	1.00
机械	门式起重机 50t	台班	1.795	1.124	0.975	1.207
	电动单级离心清水泵 200mm	台班	3.586	2.357	1.861	3.381
	电动多级离心清水泵 150mm 180m 以下	台班	2.310	1.518	1.199	2.178
	交流弧焊机 32kV·A	台班	7.702	2.541	2.008	3.586
	泥浆制作循环设备	台班	0.434	0.868	0.714	1.128
	轴流通风机 100kW	台班	1.880	2.828	3.115	3.935
	硅整流充电机 90A/190V	台班	—	1.487	1.183	2.152
	中继泵 500kW	台班	0.693	0.474	0.366	0.660
	履带式起重机 50t	台班	1.402	0.355	0.212	0.458
	轨道平车 20t	台班	—	3.335	2.639	4.765
	轨道车 210kW	台班	—	1.660	1.322	2.382
	电焊条烘干箱 60×50×75(cm³)	台班	0.770	0.254	0.202	0.359
	复合式泥水平衡盾构掘进机 11 500mm	台班	0.461	0.771	0.517	0.603
	电动空气压缩机 0.6m³/min	台班	3.364	—	—	—

工作内容:操作盾构掘进机;高压供水、水力出土;管片洞内运输、拼装;连接螺栓紧
固,紧拉杆;施工管线路铺设、照明、运输、供气、通风;施工测量、通信;一
般故障排除;排泥水输出井口存放或装车。 计量单位:m

编 号			4-4-55	4-4-56	4-4-57	4-4-58
项 目			$\phi \leqslant 15\,500$复合式泥水平衡盾构掘进			
			负环段掘进	始发段掘进	正常段掘进	到达段掘进
名 称		单位	消 耗 量			
人工	合计工日	工日	256.405	123.017	68.826	86.043
	其中 普工	工日	128.202	61.508	34.413	43.022
	一般技工	工日	76.921	36.905	20.648	25.813
	高级技工	工日	51.281	24.603	13.765	17.209
材料	预拌混凝土 C20	m³	0.717	—	—	—
	管片连接螺栓	kg	2.400	4.800	4.800	4.800
	盾构油脂	kg	142.648	142.648	142.648	142.648
	HBW 油脂	kg	66.950	66.950	66.950	66.950
	EP2 油脂	kg	44.799	44.799	44.799	44.799
	泡沫添加剂	kg	—	110.570	110.570	110.570
	盾构刀具费	元	6 018.68	6 018.68	6 018.68	6 018.68
	走道板	kg	10.244	10.244	—	—
	金属支架	kg	45.233	45.233	45.233	45.233
	焊接钢管 DN80	kg	17.156	17.156	17.156	17.156
	钢管栏杆	kg	48.025	48.025	48.025	48.025
	钢支撑	kg	240.529	—	—	—
	低碳钢焊条(综合)	kg	17.373	—	—	—
	焊接钢管 $\phi 600$ 以内	t	0.654	0.321	0.321	0.321
	无缝钢管(综合)	t	0.202	0.202	0.202	0.202
	高压风管	m	1.635	1.635	1.635	1.635
	膨润土	kg	1 385.537	1 385.537	1 385.537	1 385.537
	橡套电力电缆 YHC $3 \times 16mm^2 + 1 \times 6mm^2$	m	0.420	0.420	0.420	0.420
	塑料绝缘电力电缆 VV $3 \times 240mm$ 10kV	m	0.840	0.840	0.840	0.840
	水	m³	0.664	347.314	190.788	240.073
	电	kW·h	11 116.955	11 960.808	7 617.446	8 548.166
	其他材料费	%	1.00	1.00	1.00	1.00
机械	门式起重机 50t	台班	3.261	2.193	1.771	2.041
	电动单级离心清水泵 200mm	台班	6.515	4.281	3.382	6.143
	电动多级离心清水泵 150mm 180m 以下	台班	2.520	1.656	1.308	2.376
	交流弧焊机 32kV·A	台班	13.992	6.515	3.648	4.616
	泥浆制作循环设备	台班	0.593	1.185	0.750	0.912
	轴流通风机 100kW	台班	1.370	5.138	5.659	7.148
	履带式起重机 50t	台班	2.547	0.831	0.385	0.645
	电焊条烘干箱 $60 \times 50 \times 75 (cm^3)$	台班	1.399	0.652	0.366	0.462
	电动空气压缩机 0.6m³/min	台班	6.112	—	—	—
	中继泵 1 000kW	台班	0.763	0.517	0.403	0.720
	复合式泥水平衡盾构掘进机 15 500mm	台班	0.710	0.985	0.715	0.812
	双头车	台班	2.740	2.700	1.340	2.570
	载重汽车 20t	台班	1.370	1.350	0.610	1.130

工作内容: 操作盾构掘进机;无切割土体推进;管片洞内运输、拼装;连接螺栓紧固,
装拉杆;施工线路铺设、照明、运输、供气、通风;施工测量、通信;一般故
障排除。

计量单位:m

编　号			4-4-59	4-4-60	4-4-61
项　目			复合式土压平衡盾构空推掘进拼管片		
			φ6 500 以内	φ7 000 以内	φ9 000 以内
名　称		单位	消　耗　量		
人工	合计工日		工日	4.957	5.805	7.546
	其中	普工	工日	2.478	2.903	3.773
		一般技工	工日	1.487	1.742	2.264
		高级技工	工日	0.991	1.161	1.509
材料	管片连接螺栓		10 套	0.808	0.808	0.808
	盾构油脂		kg	14.963	17.466	27.401
	走道板		kg	9.503	11.374	17.360
	钢管栏杆		kg	6.311	8.669	1.859
	机油 45#		kg	12.591	16.173	24.226
	镀锌钢管		kg	2.576	3.097	9.498
	铜芯塑料绝缘电线 BV–25mm²		m	0.235	0.235	0.235
	铜芯塑料绝缘电线 BV–50mm²		m	0.235	0.235	0.235
	高压电缆 95mm²		m	0.118	0.118	0.118
	风管		kg	8.378	10.086	15.445
	金属支架		kg	6.250	8.165	20.003
	轻轨		kg	3.945	4.742	33.681
	钢轨枕		kg	7.216	10.316	15.802
	电		kW·h	216.299	245.795	371.027
	其他材料费		%	1.00	1.00	1.00
机械	门式起重机 30t		台班	0.088	0.103	—
	门式起重机 50t		台班	—	—	0.172
	轨道平车 20t		台班	0.300	0.300	—
	轨道平车 30t		台班	—	—	0.300
	复合式土压平衡盾构掘进机 6 500mm		台班	0.300	—	—
	复合式土压平衡盾构掘进机 7 000mm		台班	—	0.300	—
	复合式土压平衡盾构掘进机 9 000mm		台班	—	—	0.300
	轨道车 210kW		台班	0.300	0.300	0.300
	轴流通风机 100kW		台班	0.300	0.300	0.300
	硅整流充电机 90A/190V		台班	0.300	0.300	0.300

工作内容: 操作盾构掘进机；无切割土体推进；管片洞内运输、拼装；连接螺栓紧固，装拉杆；施工线路铺设、照明、运输、供气、通风；施工测量、通信；一般故障排除。

计量单位: m

编　号				4-4-62	4-4-63
项　目				复合式泥水平衡盾构空推掘进拼管片	
				φ6 500 以内	φ7 000 以内
名　称			单位	消　耗　量	
人工	合计工日		工日	4.955	5.805
	其中	普工	工日	2.478	2.903
		一般技工	工日	1.487	1.742
		高级技工	工日	0.991	1.161
材料	管片连接螺栓		10 套	0.808	0.808
	盾构油脂		kg	14.963	17.466
	走道板		kg	9.503	11.374
	钢管栏杆		kg	6.311	8.669
	机油 45$^{\#}$		kg	12.591	16.173
	镀锌钢管		kg	2.576	3.097
	风管		kg	8.378	10.086
	金属支架		kg	6.250	8.165
	铜芯塑料绝缘电线 BV-25mm^2		m	0.235	0.235
	铜芯塑料绝缘电线 BV-50mm^2		m	0.235	0.235
	塑料绝缘电力电缆 VV 2×35mm^2		m	0.118	0.118
	高压电缆 95mm^2		m	0.118	0.118
	轻轨		kg	3.945	4.742
	钢轨枕		kg	7.216	10.316
	电		kW·h	286.796	286.433
	其他材料费		%	1.00	1.00
机械	门式起重机 30t		台班	0.088	0.103
	轨道平车 20t		台班	0.300	0.300
	复合式泥水平衡盾构掘进机 6 500mm		台班	0.300	—
	复合式泥水平衡盾构掘进机 7 000mm		台班	—	0.300
	轨道车 210kW		台班	0.300	0.300
	轴流通风机 100kW		台班	0.300	0.300
	硅整流充电机 90A/190V		台班	0.300	0.300

工作内容：间歇性操作盾构掘进机无推进空转；供气、通风；施工监测、测量、通信；
　　　　机械检修，一般故障排除，维持盾构机安全状态。　　　　　　　　　　计量单位：天

编　号				4-4-64	4-4-65	4-4-66
项　目				复合式土压平衡盾构停止掘进空转保压		
				$\phi 6\,500$ 以内	$\phi 7\,000$ 以内	$\phi 9\,000$ 以内
名　称			单位	消　耗　量		
人工	合计工日		工日	13.585	13.585	16.302
	其中	普工	工日	6.792	6.792	8.151
		一般技工	工日	4.075	4.075	4.891
		高级技工	工日	2.717	2.717	3.260
材料	盾构油脂		kg	26.720	30.700	46.100
	机油 45 #		kg	42.800	49.200	73.800
	水		m³	30.000	35.000	52.500
	电		kW·h	159.300	184.788	304.900
	其他材料费		%	1.00	1.00	1.00
机械	门式起重机 50t		台班	0.400	0.400	0.400
	电动多级离心清水泵 150mm 180m 以下		台班	1.200	1.200	1.200
	轴流通风机 100kW		台班	1.500	1.500	1.500
	复合式土压平衡盾构掘进机 6 500mm		台班	0.400	—	—
	复合式土压平衡盾构掘进机 7 000mm		台班	—	0.400	—
	复合式土压平衡盾构掘进机 9 000mm		台班	—	—	0.400

工作内容: 间歇性操作盾构掘进机无推进空转;供气、通风;施工监测、测量、通信;

机械检修,一般故障排除,维持盾构机安全状态。　　　　　　　　　　　　　计量单位:天

编　号			4-4-67	4-4-68
项　目			复合式泥水平衡盾构停止掘进空转保压	
			φ6 500 以内	φ7 000 以内
名　称		单位	消　耗　量	
人工	合计工日	工日	18.114	18.114
	其中　普工	工日	9.057	9.057
	一般技工	工日	5.434	5.434
	高级技工	工日	3.623	3.623
材料	盾构油脂	kg	26.670	30.700
	膨润土	kg	100.000	115.000
	机油 45#	kg	48.200	55.400
	水	m³	45.000	51.800
	电	kW·h	163.800	189.860
	其他材料费	%	1.00	1.00
机械	门式起重机 50t	台班	0.400	0.400
	电动多级离心清水泵 150mm 180m 以下	台班	1.600	1.600
	电动单级离心清水泵 200mm	台班	1.600	1.600
	泥浆制作循环设备	台班	0.400	0.400
	轴流通风机 100kW	台班	1.500	1.500
	复合式泥水平衡盾构掘进机 6 500mm	台班	0.400	—
	复合式泥水平衡盾构掘进机 7 000mm	台班	—	0.400

工作内容: 盾构机安全技术检查,开仓作业准备,开仓,进仓作业,出仓,闭仓。　　　　计量单位:人·h

编　号			4-4-69	4-4-70	4-4-71
项　目			盾构机开仓		
			仓内压力		
			常压	3.0Bar 以内	3.0Bar 以上
名　称		单位	消　耗　量		
人工	合计工日	工日	1.110	2.211	3.450
	其中　普工	工日	0.555	1.105	1.725
	一般技工	工日	0.333	0.663	1.035
	高级技工	工日	0.222	0.442	1.035

三、衬砌壁后压浆

工作内容：制浆、运浆；盾尾分块压浆；补压浆；封堵、清洗。　　　　　　　　　计量单位：10m³

编　号				4-4-72	4-4-73	4-4-74	4-4-75
项　目				同步压浆			
				水泥：粉煤灰 1：5.8	水泥砂浆 1：2.5	水泥水玻璃浆	惰性浆
名　称			单位	消　耗　量			
人工	合计工日		工日	20.928	22.584	24.120	17.940
	其中	普工	工日	10.464	11.292	12.060	8.970
		一般技工	工日	6.278	6.775	7.236	5.382
		高级技工	工日	4.186	4.517	4.824	3.588
材料	水泥 52.5		kg	1 610.000	—	4.410	—
	石灰		t	—	—	—	0.700
	砂子 中砂		m³	—	—	—	9.000
	膨润土		kg	331.000	—	—	0.800
	高压皮龙管 $\phi 150 \times 3$		根	0.040	0.040	0.040	0.040
	三乙醇胺		kg	—	2.100	—	—
	硅酸钠（水玻璃）		kg	—	3.200	3 900.000	—
	微沫剂		kg	1.000	—	—	—
	盖堵 $\phi 75$ 以内		个	0.356	0.356	0.356	0.356
	水		m³	—	—	7.300	4.600
	水泥砂浆 1：2.5		m³	—	10.500	—	—
	钢平台		kg	11.979	11.979	—	—
	其他材料费		%	6.00	6.00	6.00	6.00
机械	门式起重机 50t		台班	1.020	1.020	1.020	1.020
	灰浆搅拌机 400L		台班	2.100	2.100	2.100	2.100
	盾构同步压浆泵 $D2.1m \times 7m$		台班	0.700	0.700	0.700	0.700

四、钢筋混凝土管片

工作内容: 钢模安装、拆卸清理、刷油;测量检验;吊运混凝土、浇捣;入养护池蒸养;
出槽堆放、抗渗质检。

计量单位:10m³

编　号			4-4-76	4-4-77	4-4-78	4-4-79	4-4-80
项　目			预制钢筋混凝土管片				
			φ5 000 以内	φ6 000 以内	φ7 000 以内	φ11 500 以内	φ15 500 以内
名　称		单位	消耗量				
人工	合计工日		工日	33.919	30.183	27.251	26.418	22.120
	其中	普工	工日	16.960	15.091	13.626	13.209	11.060
		一般技工	工日	10.175	9.055	8.175	7.925	6.636
		高级技工	工日	6.784	6.037	5.450	5.284	4.424
材料	预拌混凝土 C55		m³	10.100	10.100	10.100	10.100	—
	预拌混凝土 C60		m³	—	—	—	—	10.100
	管片钢模 精加工制作		kg	110.000	100.000	92.000	90.000	77.000
	混凝土外加剂		kg	39.380	39.380	39.380	39.380	39.380
	压浆孔螺钉		个	10.946	9.951	9.951	6.966	1.700
	脱模油		kg	6.160	5.600	5.150	5.040	4.220
	电		kW·h	11.920	11.400	10.520	4.760	4.037
	其他材料费		%	1.00	1.00	1.00	1.00	1.00
机械	门式起重机 5t		台班	2.097	1.902	1.752	1.716	—
	门式起重机 10t		台班	2.097	1.902	1.752	1.716	4.002
	门式起重机 50t		台班	—	—	—	—	0.679
	载重汽车 20t		台班	—	—	—	—	0.546
	工业锅炉 1t/h		台班	1.447	1.312	1.206	1.184	1.019
	自卸汽车 4t		台班	2.320	2.111	1.943	1.903	—

工作内容：钢筋制作、焊接；预埋件安放；钢筋骨架入模。　　　　　　　　　　　　　　　计量单位：t

编　号			4-4-81	4-4-82
项　目			预制钢筋混凝土管片	预埋槽道
			钢筋制作、安装	
名　称		单位	消　耗　量	
人工	合计工日	工日	20.640	18.799
	其中 普工	工日	10.320	9.400
	一般技工	工日	6.192	5.640
	高级技工	工日	4.128	3.760
材料	钢槽道	t	—	1.010
	T型螺栓	套	—	722.000
	钢筋 ϕ10以内	t	0.210	—
	钢筋（综合）	t	0.820	—
	预埋铁件	kg	39.900	—
	低碳钢焊条（综合）	kg	5.768	—
	其他材料费	%	2.00	1.00
机械	门式起重机 5t	台班	1.752	1.103
	钢筋调直机 14mm	台班	0.627	—
	钢筋切断机 40mm	台班	0.420	—
	钢筋弯曲机 40mm	台班	0.447	—
	交流弧焊机 32kV·A	台班	5.174	3.260
	点焊机 75kV·A	台班	0.723	0.455
	自卸汽车 4t	台班	0.564	—
	电焊条烘干箱 60×50×75（cm³）	台班	0.517	0.326
	自卸汽车 5t	台班	—	0.356
	卷板机 20×2 500mm	台班	—	0.283
	型钢矫正机 60×800mm	台班	—	0.274

工作内容: 钢制台座,校准;管片场内运输;吊拼装、拆除;管片成环量测检验及数据
记录。

计量单位:组

编　号				4-4-83	4-4-84	4-4-85	4-4-86	4-4-87
项　目				预制管片成环水平拼装				
				ϕ 5 000以内	ϕ 7 000以内	ϕ 9 000以内	ϕ 11 500以内	ϕ 15 500以内
名　称			单位	消　耗　量				
人工	合计工日		工日	20.624	32.536	39.410	44.792	70.430
	其中	普工	工日	10.312	16.268	19.705	22.396	35.215
		一般技工	工日	6.187	9.761	11.823	13.438	21.129
		高级技工	工日	4.125	6.507	7.882	8.958	14.086
材料	钢制台座		kg	132.000	182.000	235.500	289.000	350.000
	其他材料费		%	3.00	3.00	3.00	3.00	3.00
机械	门式起重机 5t		台班	2.955	—	—	—	—
	门式起重机 10t		台班	—	3.096	3.680	4.273	11.270
	载重汽车 4t		台班	1.487	—	—	—	—
	载重汽车 8t		台班	—	—	2.080	2.410	3.002
	载重汽车 6t		台班	—	1.750	—	—	—
	载重汽车 20t		台班	—	—	—	—	3.002
	汽车式起重机 16t		台班	—	—	—	—	3.002
	汽车式起重机 50t		台班	—	—	—	—	0.920

工作内容：从堆放起吊，行车配合、装车、驳运到场中转场地；垫道木、吊车配合按
类堆放。

计量单位：10m³

编　号			4-4-88	4-4-89	4-4-90	4-4-91	4-4-92	4-4-93
项　目			管片场内运输					口字件场内运输
			$\phi 5\,000$ 以内	$\phi 6\,000$ 以内	$\phi 7\,000$ 以内	$\phi 11\,500$ 以内	$\phi 15\,500$ 以内	
名　称		单位	消　耗　量					
人工	合计工日	工日	1.340	1.798	1.624	1.294	1.703	6.345
	其中 普工	工日	0.670	0.899	0.812	0.647	0.852	3.173
	一般技工	工日	0.402	0.539	0.487	0.388	0.511	1.904
	高级技工	工日	0.268	0.360	0.325	0.259	0.341	1.269
材料	枕木	m³	—	—	—	—	—	0.021
	板枋材	m³	0.011	0.012	0.013	0.014	0.015	—
机械	门式起重机 5t	台班	0.310	0.318				
	门式起重机 10t	台班	—	—	0.257	0.265	—	—
	门式起重机 50t	台班	—	—	—	—	0.150	
	载重汽车 4t	台班	0.314	0.323	—	—	—	
	载重汽车 8t	台班			0.267	0.276	—	
	汽车式起重机 8t	台班	0.322	0.331	0.245	0.254		
	平板拖车组 30t	台班	—	—	—	—	0.150	
	门式起重机 30t	台班	—	—	—	—		0.245
	双头车	台班	—	—	—	—		0.395

工作内容：从堆放起吊，行车配合、装车、驳运到场中转场地；垫道木、吊车配合按
类堆放。

计量单位：10m³

编　号			4-4-94	4-4-95
项　目			管片场外运输	
			运距	
			10km 以内	每增加 1km
名　称		单位	消　耗　量	
人工	合计工日	工日	1.002	—
	其中 普工	工日	0.501	—
	一般技工	工日	0.301	—
	高级技工	工日	0.200	—
材料	板枋材	m³	0.022	
机械	载重汽车 8t	台班	0.123	
	叉式起重机 10t	台班	0.129	
	平板拖车组 40t	台班	0.245	0.016

五、钢　管　片

工作内容：划线、号料、切割、校正、滚圆弧、刨边、刨槽；上模具焊接成型、焊预埋件；
钻孔；吊运、油漆等。

计量单位：t

编　号			4-4-96	4-4-97	4-4-98
项　目			钢管片		复合管片钢壳
			1t 以内	1t 以外	
名　称		单位	消　耗　量		
人工	合计工日		工日	36.433	35.407	22.933
	其中	普工	工日	21.860	21.244	13.760
		一般技工	工日	9.108	8.852	5.733
		高级技工	工日	5.465	5.311	3.440
材料	型钢（综合）		kg	—	130.000	—
	举重臂螺钉		个	1.413	0.736	—
	中厚钢板（综合）		kg	1 150.000	1 020.000	1 070.000
	外接头 ϕ50		个	—	1.440	11.000
	管堵 ϕ50		个	—	0.733	10.891
	氧气		m^3	22.000	19.170	31.900
	乙炔气		kg	8.462	7.373	12.269
	低碳钢焊条（综合）		kg	60.854	51.247	39.140
	防锈漆		kg	17.430	17.430	—
	环氧沥青漆		kg	—	—	17.430
	其他材料费		%	2.50	2.50	1.00
机械	门式起重机 5t		台班	4.733	4.653	4.246
	龙门刨床 1 000×3 000		台班	5.277	2.100	1.838
	板料校平机 16×2 500		台班	0.492	0.408	0.385
	摇臂钻床 63mm		台班	1.869	1.738	2.400
	牛头刨床 650mm		台班	1.408	0.938	—
	剪板机 20×2 000		台班	0.200	0.100	—
	交流弧焊机 32kV·A		台班	7.525	7.398	5.192
	电焊条烘干箱 60×50×75（cm^3）		台班	0.753	0.740	0.519

工作内容: 划线、号料、切割、校正、滚圆弧、刨边、刨槽;上模具焊接成型、焊预埋件;

钻孔;吊运、油漆等。

计量单位:10m²

编　号				4-4-99	4-4-100
项　目				管片防腐处理(厚度 mm)	
				1.5	每增减 0.5
名　称			单位	消　耗　量	
人工	合计工日		工日	3.176	0.794
	其中	普工	工日	1.588	0.397
		一般技工	工日	0.953	0.238
		高级技工	工日	0.635	0.159
材料	防腐漆(钢管片用)		kg	17.430	5.752
	封闭漆(钢管片用)		kg	2.440	0.805
	软木衬垫		m²	7.200	2.376
	其他材料费		%	1.00	1.00
机械	门式起重机 75t		台班	0.110	0.022
	组合烘箱		台班	0.490	0.098

六、管片设置密封条

工作内容:管片吊运堆放;编号、表面清理、涂刷黏接剂;粘贴泡沫挡土衬垫及三元乙丙橡胶密封条;管片边角嵌贴丁基腻子胶。

计量单位:环

编　　号			4-4-101	4-4-102	4-4-103	4-4-104
项　　目			三元乙丙橡胶密封条			
			φ5 000以内	φ7 000以内	φ11 500以内	φ15 500以内
名　　称		单位	消　耗　量			
人工	合计工日	工日	3.176	5.488	6.352	6.818
	其中 普工	工日	1.588	2.744	3.176	3.409
	一般技工	工日	0.953	1.646	1.906	2.045
	高级技工	工日	0.635	1.098	1.270	1.364
材料	可发性聚氨酯泡沫塑料	kg	0.230	0.683	0.930	1.480
	三元乙丙密封胶条	m	36.420	50.980	96.000	184.800
	丁醛自粘腻子	kg	1.670	2.440	5.750	8.060
	氯丁胶黏结剂	kg	1.670	2.440	5.750	8.060
	其他材料费	%	3.00	3.00	3.00	3.00
机械	门式起重机 5t	台班	0.212	—	—	—
	门式起重机 10t	台班	—	0.265	0.725	0.956
	组合烘箱	台班	0.218	0.227	0.617	0.781

七、柔性接缝环

工作内容：1. 临时防水环板：盾构出洞后接缝处淤泥清理；钢板环圈定位、焊接；预留压浆孔；钢板环圈切割；吊拆堆放。

2. 临时止水缝：洞口安装止水带及防水圈；环板安装后堵压，防水材料封堵。

编　号			4-4-105	4-4-106	4-4-107	4-4-108
项　目			柔性接缝环（施工阶段）			
			临时防水环板	临时止水缝		
			安拆	ϕ 7 000 以内	ϕ 9 000 以内	ϕ 15 500 以内
			t	m		
名　称		单位	消　耗　量			
人工	合计工日	工日	32.317	5.066	7.128	8.940
	其中 普工	工日	16.159	2.533	3.564	4.470
	一般技工	工日	9.695	1.520	2.138	2.682
	高级技工	工日	6.463	1.013	1.426	1.788
材料	环圈钢板	t	1.060	—	—	—
	中厚钢板（综合）	kg	4.770	—	—	—
	六角螺栓带螺母 M12×200	kg	4.660	1.310	1.507	1.965
	枕木	m³	0.126	—	—	—
	水泥 52.5	kg	—	91.800	110.000	163.200
	帘布橡胶条	kg	—	4.438	5.104	6.657
	砂子 中粗砂	m³	—	0.090	0.108	0.160
	聚氨酯黏合剂	kg	—	19.980	22.977	29.970
	可发性聚氨酯泡沫塑料	kg	—	31.007	35.658	46.510
	压浆孔螺钉	个	12.061	—	—	—
	氧气	m³	16.467	—	—	—
	乙炔气	kg	6.333	—	—	—
	低碳钢焊条（综合）	kg	34.330	—	—	—
	其他材料费	%	2.50	2.00	2.00	2.00
机械	门式起重机 10t	台班	7.947	0.495	0.495	0.495
	交流弧焊机 32kV·A	台班	12.060	—	—	—
	电动灌浆机	台班	—	0.541	0.541	0.541
	轴流通风机 7.5kW	台班	6.390	0.460	0.460	0.460
	电焊条烘干箱 60×50×75（cm³）	台班	1.206	—	—	—

工作内容：1. 拆除洞口环管片：拆卸连接螺栓；吊车配合拆除管片；凿除涂料、壁面清洗。
　　　　　2. 安装钢环片：钢环片分块吊装；焊接固定。
　　　　　3. 柔性接缝环：壁内刷涂料；安放内外壁止水带；压乳胶水泥。

编　号		4-4-109	4-4-110	4-4-111	4-4-112	4-4-113
项　目		柔性接缝环（正式阶段）				
		拆除洞口环管片	安装钢环板	柔性接缝环		
				$\phi 7\,000$以内	$\phi 9\,000$以内	$\phi 15\,500$以内
		m³	t	m		
名　称	单位	消　耗　量				
人工 合计工日	工日	15.623	21.539	8.713	12.259	12.492
其中 普工	工日	7.812	10.770	4.357	6.130	6.246
一般技工	工日	4.687	6.462	2.614	3.678	3.748
高级技工	工日	3.125	4.308	1.743	2.000	2.498
六角螺栓带螺母 M12×200	kg	—	31.030	—	—	—
枕木	m³	—	0.080	—	—	—
环氧树脂	kg	—	—	0.755	0.868	1.002
乳胶水泥	kg	—	—	78.120	89.838	105.787
外防水氯丁酚醛胶	kg	—	—	10.160	11.684	13.758
内防水橡胶止水带	m	—	—	1.050	1.208	1.422
结皮海绵橡胶板	kg	—	—	28.250	32.488	38.255
氯丁橡胶	kg	—	—	0.400	0.460	0.542
聚苯乙烯硬泡沫塑料	m³	—	—	0.060	0.069	0.081
防水橡胶圈	个	—	128.000	5.402	6.212	8.405
压浆孔螺钉	个	—	5.971	—	—	—
螺栓套管	个	—	128.000	—	—	—
低碳钢焊条（综合）	kg	1.545	85.921	—	—	—
氧气	m³	1.170	4.960	—	—	—
乙炔气	kg	0.450	1.908	—	—	—
焦油聚氨酯涂料	kg	—	—	—	—	3.413
其他材料费	%	1.00	1.00	1.00	1.00	1.00
电动双筒慢速卷扬机 100kN	台班	3.282	—	—	—	—
交流弧焊机 32kV·A	台班	1.806	9.966	—	—	—
电动空气压缩机 1m³/min	台班	0.783	—	—	—	—
门式起重机 10t	台班	1.477	4.078	3.025	3.479	3.922
电动灌浆机	台班	—	—	0.720	0.830	0.970
轴流通风机 7.5kW	台班	—	—	0.660	0.760	0.894
电焊条烘干箱 60×50×75（cm³）	台班	0.155	8.592	—	—	—

工作内容：配模、立模、拆模；洞口环圈混凝土浇捣、养护。　　　　　　　　　计量单位：m³

	编　号		4-4-114
	项　目		洞口混凝土环圈
	名　称	单位	消　耗　量
人工	合计工日	工日	9.362
	其中　普工	工日	4.681
	一般技工	工日	2.809
	高级技工	工日	1.872
材料	预拌混凝土 C25	m³	1.010
	木模板	m³	0.110
	低碳钢焊条（综合）	kg	1.292
	其他材料费	%	3.00
机械	门式起重机 10t	台班	1.495
	混凝土输送泵车 75m³/h	台班	0.278
	轴流通风机 7.5kW	台班	1.389

八、管 片 嵌 缝

工作内容：管片嵌缝槽表面处理；配料嵌缝。　　　　　　　　　　　　　　　计量单位：环

	编　号		4-4-115	4-4-116	4-4-117	4-4-118
	项　目		管片嵌缝			
			φ5 000 以内	φ7 000 以内	φ11 500 以内	φ15 500 以内
	名　称	单位	消　耗　量			
人工	合计工日	工日	4.160	6.008	12.344	17.500
	其中　普工	工日	2.080	3.004	6.172	8.750
	一般技工	工日	1.248	1.802	3.703	5.250
	高级技工	工日	0.832	1.202	2.469	3.500
材料	钢平台	kg	7.000	11.500	13.580	19.012
	环氧聚氨酯嵌缝膏	kg	9.030	17.750	44.420	62.864
	泡沫条 φ18	m	20.500	28.700	47.150	63.220
	其他材料费	%	9.00	10.00	10.00	10.00
机械	电瓶车 2.5t	台班	0.024	0.040	0.104	—
	载重汽车 4t	台班	—	—	—	0.163
	门式起重机 5t	台班	0.027	0.044	0.115	0.161
	电动灌浆机	台班	0.812	1.860	2.407	3.370

工作内容: 手孔清洗;人工拌浆;堵手孔、抹平。　　　　　　　　　　　　　**计量单位:** 100个

编　　号				4-4-119
项　　目				管片手孔封堵
名　　称			单位	消　耗　量
人工	合计工日		工日	10.731
	其中	普工	工日	5.365
		一般技工	工日	3.000
		高级技工	工日	2.000
材料	水泥(综合)		kg	810.000
	界面剂		kg	150.000
	钢平台		kg	9.490
	其他材料费		%	1.00
机械	门式起重机 5t		台班	0.487
	电瓶车 2.5t		台班	0.050

九、负环管片拆除

工作内容：拆除后盾钢支撑，清除管片内污垢杂物，拆除井内轨道，清除井内污泥，
　　　　凿除后靠混凝土，切割连接螺栓，管片吊出井口，装车。　　　　　　计量单位：m

编　号			4-4-120	4-4-121	4-4-122	4-4-123
项　目			负环管片拆除			
			ϕ5 000 以内	ϕ7 000 以内	ϕ11 500 以内	ϕ15 500 以内
名　称		单位	消　耗　量			
人工	合计工日		工日	25.432	53.240	110.880	117.750
	其中	普工	工日	12.716	26.620	55.440	58.875
		一般技工	工日	7.630	15.972	33.264	35.325
		高级技工	工日	5.086	10.648	22.176	23.550
材料	钢支撑		kg	5.650	5.900	6.040	24.359
	支撑架		kg	2.525	2.626	3.636	24.120
	脚手架钢管		kg	—	—	—	72.860
	脚手架钢管底座		个	—	—	—	1.170
	低碳钢焊条（综合）		kg	3.642	3.642	3.745	5.540
	氧气		m³	2.750	2.860	3.960	5.540
	乙炔气		kg	1.058	1.100	1.523	2.131
	电		kW·h	130.900	210.100	304.700	385.350
	其他材料费		%	2.00	2.00	2.00	2.00
机械	履带式起重机 15t		台班	1.000	1.539	2.229	0.734
	交流弧焊机 32kV·A		台班	1.216	1.879	2.723	1.552
	电动空气压缩机 1m³/min		台班	0.691	1.061	1.558	1.822
	螺旋钻机 400mm		台班	—	—	—	8.713
	门式起重机 50t		台班	—	—	—	2.707
	电焊条烘干箱 60×50×75（cm³）		台班	0.122	0.188	0.272	0.155

十、隧道内管线路拆除

工作内容:贯通后隧道内水管、风管、走道板、拉杆、钢轨、轨枕、各种施工支架
拆除;吊运出井口、装车或堆放;隧道内淤泥清除。　　　　　　　　　　**计量单位:**100m

编　号				4-4-124	4-4-125	4-4-126	4-4-127
项　目				隧道内管线路拆除			
				φ5 000以内	φ7 000以内	φ11 500以内	φ15 500以内
名　称			单位	消　耗　量			
人工	合计工日		工日	100.592	125.736	199.040	328.125
	其中	普工	工日	50.296	62.868	99.520	164.063
		一般技工	工日	30.178	37.721	59.712	98.438
		高级技工	工日	20.118	25.147	39.808	65.625
材料	氧气		m³	6.640	8.300	19.720	27.608
	乙炔气		kg	2.554	3.192	7.585	10.618
	电		kW·h	1 919.200	2 399.000	3 797.000	4 410.000
	其他材料费		%	1.50	1.50	1.50	1.50
机械	门式起重机 5t		台班	8.943	11.182	—	—
	门式起重机 10t		台班	—	—	15.976	20.700
	汽车式起重机 32t		台班	—	—	—	28.750
	轨道平车 5t		台班	18.224	22.784	32.544	—
	电动单筒慢速卷扬机 10kN		台班	10.110	12.640	20.010	22.400
	电动多级离心清水泵 100mm 120m以下		台班	15.170	18.960	30.010	27.600
	电瓶车 2.5t		台班	11.390	14.240	22.540	—
	硅整流充电机 90A/190V		台班	3.892	4.862	6.946	—
	平台作业升降车 16m		台班	—	—	—	11.058
	交流弧焊机 32kV·A		台班	—	—	—	22.656
	平板拖车组 80t		台班	—	—	—	22.400

十一、金 属 构 件

工作内容: 画线、切割,揻弯、分段组合,焊接,油漆。

计量单位:t

编 号				4-4-128	4-4-129	4-4-130	4-4-131
项 目				板式扶梯	格式扶梯	垂直扶梯	钢管栏杆
名 称			单位	消 耗 量			
人工	合计工日		工日	20.699	26.382	34.358	33.856
	其中	普工	工日	10.350	13.191	17.179	16.928
		一般技工	工日	6.210	7.915	10.307	10.157
		高级技工	工日	4.140	5.276	6.871	6.771
材料	型钢(综合)		kg	392.256	0.652	686.113	—
	焊接钢管(综合)		kg	—	—	—	1 020.000
	花纹钢板(综合)		kg	295.472	—	—	—
	氧气		m³	21.790	—	—	28.740
	乙炔气		kg	8.381	—	—	11.054
	防锈漆		kg	17.000	17.000	17.000	17.000
	汽油 70#~90#		kg	5.447	5.447	5.447	5.447
	其他材料费		%	0.50	0.50	0.50	0.50
机械	门式起重机 5t		台班	1.681	2.229	—	1.327

工作内容:放样、落料;卷筒找圆;油漆;堆放。　　　　　　　　　　　　　　　　　　　**计量单位:**t

编　号			4-4-132	4-4-133
项　目			钢支撑	
			活络头	固定头
名　称		单位	消　耗　量	
人工	合计工日	工日	23.316	18.437
	其中 普工	工日	11.658	9.218
	一般技工	工日	6.995	5.531
	高级技工	工日	4.663	3.687
材料	型钢(综合)	kg	108.306	55.426
	中厚钢板(综合)	kg	971.694	1 024.574
	氧气	m³	22.720	9.800
	乙炔气	kg	8.738	3.769
	汽油 70#~90#	kg	5.447	5.447
	防锈漆	kg	17.000	17.000
	其他材料费	%	0.50	0.50
机械	履带式起重机 15t	台班	2.026	1.999
	普通车床 630×2 000	台班	—	0.254
	牛头刨床 650mm	台班	1.562	—
	摇臂钻床 63mm	台班	0.038	0.031
	剪板机 20×2 000	台班	0.215	0.492
	刨边机 9 000mm	台班	0.031	0.046

工作内容:划线、切割,撖弯、分段组合,焊接,油漆。　　　　　　　　　　　　计量单位:t

编　号				4-4-134	4-4-135
项　目				盾构钢基座	钢结构反力架
名　称			单位	消　耗　量	
人工	合计工日		工日	14.017	24.880
	其中	普工	工日	7.008	12.440
		一般技工	工日	4.205	7.464
		高级技工	工日	2.803	4.976
材料	型钢(综合)		kg	1 041.000	106.684
	中厚钢板(综合)		kg	19.000	913.316
	焊接钢管(综合)		kg	—	5.900
	带帽六角螺栓 M12 以外		kg	—	1.740
	低碳钢焊条(综合)		kg	13.212	23.680
	汽油 70# ~90#		kg	5.447	—
	防锈漆		kg	17.000	17.000
	氧气		m³	4.800	14.900
	乙炔气		kg	1.846	5.731
	其他材料费		%	0.50	0.50
机械	履带式起重机 15t		台班	1.097	—
	交流弧焊机 32kV·A		台班	2.723	1.630
	电焊条烘干箱 60×50×75(cm³)		台班	0.272	—
	电动空气压缩机 20m³/min		台班	—	0.150
	门式起重机 10t		台班	—	0.240
	摇臂钻床 63mm		台班	—	0.630
	型钢剪断机 500mm		台班	—	0.240
	板料校平机 10×2 000		台班	—	0.190

十二、盾构其他工程

工作内容:盾构的废弃泥浆收集,循环处理,泥浆分离,低含水量的渣土弃置堆放,
无污染水排放。

计量单位:10m^3

编　号			4-4-136	4-4-137
项　目			盾构泥浆分离	盾构泥浆压滤
名　称	单位		消　耗　量	
合计工日		工日	1.928	0.643
人工	其中	普工	工日	0.964	0.322
		一般技工	工日	0.578	0.193
		高级技工	工日	0.386	0.129
材料	水	m^3	5.000	—
	其他材料费	%	2.00	—
机械	交流弧焊机 42kV·A	台班	0.070	—
	泥水分离设备 1 500m^3/h 以内	台班	0.020	—
	泥水处理离心机 100m^3/h	台班	—	0.040
	泥浆压滤机 8m^3/ 循环	台班	—	0.199

工作内容：托架制作与安装、铺设钢轨、千斤顶等设备就位、顶进牵引盾构设备、
抬升放低、横移、连接管线、调试及拆除等。　　　　　　　　　　　　　　**计量单位**：次

编　号			4-4-138	4-4-139	4-4-140
项　目			复合式土压平衡盾构机过站		
			ϕ 6 500 以内	ϕ 7 000 以内	ϕ 9 000 以内
名　称		单位	消　耗　量		
人工	合计工日	工日	1 117.800	1 242.000	1 366.200
	其中 普工	工日	558.900	621.000	683.100
	一般技工	工日	335.340	372.600	409.860
	高级技工	工日	223.560	248.400	273.240
材料	型钢（综合）	kg	1.400	1.540	2.100
	钢丝绳 ϕ14.1~15.0	kg	590.000	649.000	708.000
	钢板（综合）	t	1.400	1.540	2.100
	低碳钢焊条（综合）	kg	18.000	19.800	27.000
	枕木	m³	12.200	13.420	18.300
	氧气	m³	31.734	34.900	38.081
	乙炔气	kg	12.205	13.423	14.647
	轻轨（综合）	t	1.893	2.080	2.839
	其他材料费	%	1.00	1.00	1.00
机械	门式起重机 50t	台班	31.500	34.650	47.300
	立式油压千斤顶 200t	台班	84.000	92.400	126.000
	电动双筒慢速卷扬机 100kN	台班	102.700	112.200	154.100
	半自动切割机 100mm	台班	90.000	99.000	135.000
	交流弧焊机 40kV·A	台班	3.330	3.660	5.000
	复合式土压平衡盾构掘进机 6 500mm	台班	10.000	—	—
	复合式土压平衡盾构掘进机 7 000mm	台班	—	10.000	—
	复合式土压平衡盾构掘进机 9 000mm	台班	—	—	10.000

工作内容: 托架制作与安装、铺设钢轨、千斤顶等设备就位、顶进牵引盾构设备、抬升
放低、横移、连接管线、调试及拆除等。

计量单位:次

编　号			4-4-141	4-4-142
项　目			复合式泥水平衡盾构机过站	
			φ6 500 以内	φ7 000 以内
名　称		单位	消　耗　量	
人工	合计工日	工日	1 209.800	1 334.000
	其中 普工	工日	604.900	667.000
	一般技工	工日	362.940	400.200
	高级技工	工日	241.960	266.800
材料	型钢(综合)	t	1.428	1.571
	钢丝绳 φ14.1~15.0	kg	601.800	529.584
	钢板(综合)	t	1.428	1.571
	低碳钢焊条(综合)	kg	18.360	20.196
	枕木	m³	12.444	13.688
	氧气	m³	32.369	28.485
	乙炔气	kg	12.450	10.956
	轻轨(综合)	t	1.931	2.214
	其他材料费	%	1.00	1.00
机械	门式起重机 50t	台班	33.075	36.421
	立式油压千斤顶 200t	台班	88.200	97.020
	电动双筒慢速卷扬机 100kN	台班	107.835	118.657
	半自动切割机 100mm	台班	94.500	103.950
	交流弧焊机 40kV·A	台班	3.497	3.850
	复合式泥水平衡盾构掘进机 6 500mm	台班	10.000	—
	复合式泥水平衡盾构掘进机 7 000mm	台班	—	10.000

工作内容：移机,定位,钻孔,泥浆制作,泥浆护壁,抽芯取样,数据收集及分析,封孔。 计量单位：100m

编　号				4-4-143	4-4-144
项　目				地层钻孔 孔径≤200mm	
				土层	岩层
名　称			单位	消　耗　量	
人工	合计工日		工日	20.656	36.927
	其中	普工	工日	10.328	18.463
		一般技工	工日	6.197	11.078
		高级技工	工日	4.131	7.385
材料	合金钢钻头（综合）		个	1.300	6.500
	钻杆		m	1.670	2.500
	水泥 52.5		kg	563.000	563.000
	膨润土		kg	800.000	800.000
	岩芯管		m	1.200	1.600
	钻杆接头		个	1.200	16.000
	水		m^3	12.000	15.000
	其他材料费		%	1.00	1.00
机械	工程地质液压钻机		台班	6.590	16.480
	泥浆拌和机 100~150L		台班	6.590	16.480
	泥浆泵 50mm		台班	6.590	16.480

工作内容: 验孔、下管、填装药包、装药、堵塞、联线、封孔覆盖、警戒、起爆、孤石碎裂成不大于 0.3m 直径块或不影响盾构出渣大小直径块、检查、处理盲炮。

编　号			4-4-145	4-4-146	4-4-147	4-4-148	4-4-149
项　目			深孔爆破地底孤石				爆破地底基岩
			孤石直径（m 以内）				
			1	2	3	4	
			处				m³
名　称		单位	消　耗　量				
人工	合计工日	工日	3.177	6.354	9.530	15.886	3.971
	其中 普工	工日	1.588	3.177	4.765	7.943	1.985
	一般技工	工日	0.953	1.906	2.859	4.766	1.191
	高级技工	工日	0.635	1.271	1.906	3.177	0.794
材料	胶质炸药	kg	1.280	4.320	12.960	16.280	6.000
	非电毫秒雷管	发	8.000	16.000	24.000	40.000	10.000
	PVC 塑料管 ϕ100	m	50.000	80.000	120.000	150.000	70.000
	铜芯塑料绝缘电线 BV-4mm²	m	100.000	160.000	240.000	300.000	140.000
	豆石	m³	0.636	1.272	1.908	3.180	0.795
	塑料粘胶带	盘	2.400	4.800	7.200	12.000	3.000
	其他材料费	%	1.00	1.00	1.00	1.00	1.00

工作内容: 验孔、下管、填装药包、装药、堵塞、联线、封孔覆盖、警戒、起爆、孤石碎裂成不大于 0.3m 直径块或不影响盾构出渣大小直径块、检查、处理盲炮。

十三、措施项目工程

工作内容:测点布置;仪表标定;钻孔;导向管加工;预埋件加工埋设;安装导向管
磁环;浇灌水泥浆;做保护圈盖;测读初读数。　　　　　　　　　　　　**计量单位:**孔

编　　号			4-4-150	4-4-151	4-4-152
项　　目			地表监测孔布置		
			土体分层沉降(m)		
			10	20	30
名　　称		单位	消　耗　量		
人工	合计工日	工日	8.344	11.613	14.882
	其中　普工	工日	4.172	5.806	7.441
	其中　一般技工	工日	2.503	3.484	4.465
	其中　高级技工	工日	1.669	2.323	2.976
材料	导向铝管 ϕ30	m	12.000	24.000	36.000
	磁环(夹具)	个	5.500	11.000	16.500
	磁环	个	5.500	11.000	16.500
	保护圈盖	套	1.000	1.000	1.000
	水泥 52.5	kg	387.600	775.200	1 162.800
	塑料注浆阀管	m	10.500	21.000	31.500
	膨润土	kg	115.710	231.420	347.130
	促进剂 KA	kg	7.830	15.660	23.480
	其他材料费	%	0.50	0.50	0.50
机械	工程地质液压钻机	台班	1.720	2.150	2.570
	泥浆泵 50mm	台班	0.885	1.062	1.238

工作内容: 测点布置;仪表标定;钻孔;测斜管加工焊接;埋设测斜管;浇灌水泥浆;
做保护圈盖;测读初读数。　　　　　　　　　　　　　　　　　　计量单位:孔

编　号			4-4-153	4-4-154	4-4-155
项　目			地表监测孔布置		
			土体水平位移(m)		
			10	20	30
名　称		单位	消　耗　量		
人工	合计工日	工日	8.774	12.473	16.172
	其中　普工	工日	4.387	6.237	8.086
	一般技工	工日	2.632	3.742	4.851
	高级技工	工日	1.754	2.495	3.235
材料	塑料测斜管 ϕ80	m	11.000	22.000	33.000
	保护圈盖	套	1.000	1.000	1.000
	塑料注浆阀管	m	10.500	21.000	31.500
	水泥 52.5	kg	387.600	775.200	1 162.800
	膨润土	kg	115.710	231.420	347.130
	促进剂 KA	kg	7.830	15.660	23.480
	其他材料费	%	1.00	1.00	1.00
机械	工程地质液压钻机	台班	1.720	2.150	2.570
	泥浆泵 50mm	台班	0.885	1.062	1.238

工作内容: 测点布置;仪器标定;钢笼安装测斜管;浇捣混凝土,定测斜管倾斜方向;
　　　　测读初读数。　　　　　　　　　　　　　　　　　　　　　　计量单位:孔

编　号			4-4-156	4-4-157	4-4-158
项　目			地表监测孔布置		
			墙体位移(m)		
			20	30	40
名　称		单位	消　耗　量		
人工	合计工日	工日	4.129	4.989	5.849
	其中 普工	工日	2.064	2.495	2.925
	一般技工	工日	1.238	1.497	1.754
	高级技工	工日	0.826	0.998	1.170
材料	塑料测斜管 $\phi 80$	m	22.000	33.000	44.000
	无缝钢管 $D102 \times 4$	m	1.035	1.035	1.035
	钢筋 $\phi 10$ 以内	t	0.030	0.040	0.050
机械	履带式起重机 15t	台班	2.203	2.203	2.937

工作内容: 测点布置;密封检查;钻孔;布线;预埋件加工、埋设、接线;埋设泥球
　　　　形成止水隔离层;回填黄砂及原状土;做保护圈盖;测读初读数。　　计量单位:孔

编　号			4-4-159	4-4-160	4-4-161	4-4-162
项　目			地表监测孔布置(m)			
			孔隙水压力			水位观察孔
			10	20	30	15
名　称		单位	消　耗　量			
人工	合计工日	工日	6.710	7.656	8.602	7.484
	其中 普工	工日	3.355	3.828	4.301	3.742
	一般技工	工日	2.013	2.296	2.581	2.245
	高级技工	工日	1.342	1.531	1.720	1.497
材料	孔隙水压计	支	1.000	1.000	1.000	—
	屏蔽绞线 2 芯	m	12.600	23.100	33.600	—
	保护圈盖	套	1.000	1.000	1.000	1.000
	膨润土	kg	304.500	304.500	304.500	304.500
	透水管	m	—	—	—	1.100
	无缝钢管 $D70 \times 3$	m	—	—	—	15.400
	其他材料费	%	1.00	1.00	1.00	1.00
机械	工程地质液压钻机	台班	1.419	1.774	2.121	1.650

工作内容： 1. 地表桩：测点布置；预埋标志点；做保护圈盖；测读初读数。
2. 混凝土构件变形：测点布置；测点表面处理；粘贴应变片；密封；接线；测读初读数。
3. 建筑物倾斜：测点布置；手枪钻打孔；安装倾斜预埋件；测读初读数。
4. 建筑物振动：测点布置；仪器标定；预埋传感器；测读初读数。

计量单位：只

编　　号				4-4-163	4-4-164	4-4-165	4-4-166
项　　目				地下监测孔布置			
				地表桩	混凝土构件变形	建筑物倾斜	建筑物振动
名　　称			单位	消　耗　量			
人工	合计工日		工日	3.527	1.204	1.291	1.291
	其中	普工	工日	1.764	0.603	0.645	0.645
		一般技工	工日	1.058	0.362	0.387	0.387
		高级技工	工日	0.706	0.241	0.259	0.259
材料	预拌混凝土 C30		m³	0.498	—	—	—
	预埋标志点		个	1.000	—	—	—
	环氧密封胶		kg	—	0.100	—	—
	屏蔽绞线 4芯		m	—	5.250	—	—
	保护圈盖		套	1.000	—	—	—
	应变片		片	—	0.095	0.980	0.980
	振动预埋件		个	—	—	—	1.000
	倾斜预埋件		个	—	—	1.000	—
	其他材料费		%	10.00	10.00	5.00	5.00
机械	轻便钻孔机		台班	0.536	—	0.536	0.536
	其他机械费		元	—	15.00	—	—

工作内容：1.地下管线沉降位移：测点布置；开挖暴露管线；埋设抱箍标志头；
回填；测读初读数。
2.混凝土构件钢筋应力：测点布置；钢笼上安装钢筋计；排线固定；
保护圈盖；测读初读数。
3.混凝土构件混凝土应变：测点布置；钢笼上安装混凝土应变计；排
线固定；保护圈盖；测读初读数。　　　　　　　　　　　**计量单位**：只

编　号				4-4-167	4-4-168	4-4-169	4-4-170
项　目				地下监测孔布置			
				地下管线沉降	地下管线位移	混凝土构件钢筋应力	混凝土构件混凝土应变
名　称			单位	消　耗　量			
人工	合计工日		工日	2.834	2.834	1.720	1.635
	其中	普工	工日	1.417	1.417	0.860	0.818
		一般技工	工日	0.850	0.850	0.516	0.490
		高级技工	工日	0.567	0.567	0.344	0.327
材料	混凝土应变计		个	—	—	—	1.100
	钢筋应力计		个	—	—	1.100	—
	屏蔽绞线 2芯		m	—	—	21.000	21.000
	保护圈盖		套	—	—	1.000	1.000
	管线抱箍标志		个	1.000	1.000	—	—
	其他材料费		%	—	—	2.00	1.00
机械	轻便钻孔机		台班	0.536	0.536	—	—
	交流弧焊机 32kV·A		台班	—	—	0.091	—
	履带式起重机 15t		台班	—	—	—	0.133

工作内容: 1. 钢支撑轴力:测点布置;仪器标定;安装预埋件;安装轴力计;排线; 加预应力读初读数。
    2. 混凝土构件界面土压力:测点布置;预埋件加工;预埋件埋设;拆除 预埋件;安装土压计;测读初读数。
    3. 混凝土构件界面孔隙水压力:测点布置;预埋件加工;预埋件埋设; 拆除预埋件;安装孔隙水压计;测读初读数。

计量单位:只

编 号			4-4-171	4-4-172	4-4-173	4-4-174
项 目			地下监测孔布置			
			钢支撑轴力	混凝土水化热	混凝土构件界面土压力	混凝土构件界面孔隙水压力
名 称		单位	消 耗 量			
人工	合计工日	工日	2.581	1.635	6.107	6.107
	其中 普工	工日	1.291	0.818	3.053	3.053
	一般技工	工日	0.775	0.490	1.832	1.832
	高级技工	工日	0.516	0.327	1.222	1.222
材料	无缝钢管(综合)	kg	—	—	4.643	4.643
	铂电阻温度计	块	—	1.000	—	—
	屏蔽绞线 2 芯	m	10.500	10.500	5.300	5.300
	反力架	个	1.000	—	—	—
	传力板	块	1.000	—	—	—
	支撑轴力计 200t	个	1.100	—	—	—
	界面式土压计	支	—	—	1.100	—
	界面式孔隙水压计	支	—	—	—	1.100
	木模具	个	—	—	1.000	1.000
机械	履带式起重机 15t	台班	0.548	0.115	0.548	0.548

工作内容:1.基坑回弹:测点布置;仪器标定;钻孔;埋设;水泥灌浆;做保护圈盖;测读初读数。
  2.混凝土支撑轴力、隧道纵向沉降及位移:测点布置;仪器标定;埋设;测读初读数。

编　　号		4-4-175	4-4-176	4-4-177
项　　目		地下监测孔布置		
		基坑回弹	混凝土支撑轴力	隧道纵向沉降及位移
		孔	端面	个
名　　称	单位	消　耗　量		
人工 合计工日	工日	10.150	3.613	1.979
其中 普工	工日	5.076	1.807	0.989
一般技工	工日	3.045	1.084	0.593
高级技工	工日	2.030	0.722	0.396
材料 导向铝管 ϕ30	m	30.000	—	—
磁环	个	11.000	—	—
磁环(夹具)	个	11.000	—	—
保护圈盖	套	1.000	—	—
塑料注浆阀管	m	26.250	—	—
水泥 52.5	kg	775.200	—	—
膨润土	kg	231.420	—	—
促进剂 KA	kg	15.660	—	—
钢筋应力计	个	—	4.400	—
屏蔽绞线 2芯	m	—	15.800	—
沉降预埋点	个	—	—	1.100
机械 泥浆泵 50mm	台班	1.062	—	—
其他机械费	元	—	68.22	—

工作内容：测点布置，仪器标定，埋设，测读初读数。

编　号			4-4-178	4-4-179	4-4-180
项　目			地下监测孔布置		
			隧道直径变形（收敛）	隧道环缝纵缝变化	衬砌表面应变计
			环	个	
名　称		单位	消　耗　量		
人工	合计工日		工日	3.699	3.699	3.699
	其中	普工	工日	1.849	1.849	1.849
		一般技工	工日	1.110	1.110	1.110
		高级技工	工日	0.740	0.740	0.740
材料	收敛标志点		个	4.400	—	—
	水泥 52.5		kg	51.000	—	—
	接缝变化装置		个	—	1.000	—
	预埋件		个	—	1.000	—
	应变计		个	—	—	1.000
	应变计预埋件		个	—	—	1.000

工作内容：测点布置；仪器标定；埋设；测读初读数。　　　　　　　　　　　　　　　　　计量单位：个

编　号			4-4-181	4-4-182
项　目			裂缝监测孔布置	
			地面建筑	隧道内部
名　称		单位	消　耗　量	
人工	合计工日		工日	27.600	4.352
	其中	普工	工日	13.800	2.176
		一般技工	工日	8.280	1.305
		高级技工	工日	5.520	0.870
材料	预埋件		个	1.000	1.000

工作内容:测试及数据采集;监测日报表;阶段处理报告;最终报告;资料立案归档。　　　计量单位:组日

编　号			4-4-183	4-4-184	4-4-185	4-4-186	4-4-187	4-4-188
项　目			监控测试					
			地面监测(项)			地下监测(项)		
			3以内	6以内	6以外	3以内	6以内	6以外
名　称		单位	消　耗　量					
合计工日		工日	3.871	7.742	11.613	4.387	8.774	13.162
人工	其中	普工	工日	1.936	3.871	5.806	2.193	4.387	6.581
		一般技工	工日	1.161	2.323	3.484	1.317	2.632	3.949
		高级技工	工日	0.775	1.548	2.323	0.878	1.754	2.632
材料	其他材料费		元	25.80	51.60	77.40	27.00	54.00	81.00
机械	其他机械费		元	3.30	6.60	9.90	3.60	7.20	10.80

第五章 垂 直 顶 升

说　明

一、本章包括顶升管节、复合管片制作，垂直顶升设备安装、拆除，管节垂直顶升，阴级保护安装及滩地揭顶盖等项目。

二、本章适用于管节外壁断面小于或等于 4m²、每座顶升高度小于或等于 10m 的不出土垂直顶升。

三、顶升管节预制混凝土已包括内模摊销及管节制成后的外壁涂料。管节中的钢筋已归入顶升钢壳制作的子目中。

四、顶升管节外壁如需压浆时，可套用分块压浆消耗量计算。

五、复合管片消耗量已综合考虑管节大小，执行时不做调整。

六、阴极保护安装项目中未包括恒电位仪、阳极、参比电极等主材。

七、滩地揭顶盖只适用于滩地水深不超过 0.5m 的区域，本消耗量未包括进出水口的围护工程，发生时可套用相应消耗量计算。

八、复合管片钢壳包括台模摊销费，钢筋在复合管片混凝土项目内。

工程量计算规则

一、顶升管节、复合管片制作按体积计算；垂直顶升管节试拼装按设计顶升管节数量以"节"为单位计算。

二、顶升车架安装、拆除，按重量计算；顶升设备安装、拆除，按套计算。顶升车架制作按顶升一组摊销 50% 计算。

三、管节垂直顶升，按设计顶升管节数量以"节"为单位计算。

四、顶升止水框、联系梁、车架，按重量计算。

五、阴极保护安装及附件制作，按个计算；隧道内电缆铺设，按米数计算；接线箱、分支箱、过渡盒制作，以"个"为单位计算。

六、滩地接顶盖，以"个"为单位计算。

七、顶升管节钢壳，按重量计算。

一、顶升管节、复合管片制作

工作内容：1. 顶升管节制作：钢模板制作、装拆、清扫、刷油、骨架入模；混凝土吊运、浇捣、蒸养；法兰打孔；管壁涂料等。

2. 复合管片制作：安放钢壳；钢模安拆、清理刷油；凝土吊运、浇捣、蒸养。

3. 管节试拼装：吊车配合；管节试拼、编号对螺孔、检验校正；搭平台、场地平整。

	编　号		4-5-1	4-5-2	4-5-3
	项　目		顶升管节制作	复合管片制作	管节试拼装
			m³	10m³	节
	名　称	单位	消　耗　量		
人工	合计工日	工日	20.172	73.881	3.925
	其中 普工	工日	12.104	44.328	2.354
	一般技工	工日	5.043	18.471	0.981
	高级技工	工日	3.026	11.082	0.589
材料	预拌混凝土 C40	m³	1.010	10.100	—
	管片钢模　精加工制作	kg	—	165.000	—
	压浆孔螺钉	个	—	11.225	—
	型钢（综合）	kg	9.910	—	10.050
	枕木	m³	—	—	0.100
	中厚钢板（综合）	kg	42.220	—	—
	聚氨酯固化剂	kg	8.250	—	—
	环氧沥青漆	kg	16.490	—	—
	水	m³	—	7.000	—
	电	kW·h	1.562	10.520	—
	其他材料费	%	0.50	0.50	3.00
机械	轮胎式装载机 1m³	台班	0.256	—	—
	履带式起重机 10t	台班	—	—	0.508
	门式起重机 10t	台班	2.132	6.590	—
	皮带运输机 15×0.5m	台班	0.830	—	—
	载重汽车 4t	台班	0.340	1.219	—
	立式钻床 50mm	台班	1.877	—	—
	工业锅炉 1t/h	台班	0.340	3.942	—

二、垂直顶升设备安装、拆除

工作内容:1.顶升车架安装:清理修正轨道;车架组装、固定。

2.顶升车架拆除:吊拆、运输、堆放;工作面清理。

3.顶升设备安装:制作基座;设备吊运、就位。

4.顶升设备拆除:油路、电路拆除,基座拆除;设备吊运、堆放。

编　号			4-5-4	4-5-5	4-5-6	4-5-7
项　目			顶升车架		顶升设备	
			安装	拆除	安装	拆除
			t		套	
名　称		单位	消　耗　量			
人工	合计工日	工日	13.329	11.511	17.210	10.575
	其中 普工	工日	7.998	6.906	10.325	6.345
	一般技工	工日	3.332	2.878	4.302	2.644
	高级技工	工日	1.999	1.727	2.582	1.586
材料	六角螺栓带螺母 M12×200	kg	32.840	—	—	—
	型钢(综合)	kg	—	—	175.010	—
	轻轨	kg	23.485	—	—	—
	枕木	m³	0.040	0.040	0.080	0.080
	中厚钢板(综合)	kg	13.890	6.940	303.630	41.610
	卸扣 φ24	个	1.060	1.060	4.040	4.040
	钢丝绳	kg	6.774	6.774	17.022	17.022
	氧气	m³	0.880	1.740	6.110	3.330
	乙炔气	kg	0.338	0.669	2.350	1.281
	低合金钢焊条 E43系列	kg	1.339	—	10.562	—
	镀锌铁丝 φ0.7	kg	0.693	0.693	5.189	5.189
	其他材料费	%	1.00	1.00	1.00	1.00
机械	门式起重机 10t	台班	1.990	1.725	2.574	1.583
	轨道平车 5t	台班	3.680	3.200	4.768	2.936
	交流弧焊机 32kV·A	台班	0.753	—	2.641	—
	轴流通风机 7.5kW	台班	1.935	1.684	2.509	1.550
	电瓶车 2.5t	台班	1.840	1.600	2.384	1.472
	硅整流充电机 90A/190V	台班	1.592	1.385	2.062	1.277
	电焊条烘干箱 60×50×75(cm³)	台班	0.075	—	0.264	—

三、管节垂直顶升

工作内容: 1. 首节顶升:车架就位、转向法兰安装;管节吊运;拆除纵环向螺栓;
安装闷头、盘根、压条、压板等操作设备;顶升到位等。

2. 中间节顶升:管节吊运;穿螺栓、粘贴橡胶板;填木、抹平、填孔、放
顶块;顶升到位。

3. 尾节顶升:同中间节内容;到位后安装压板;撑筋焊接并与管片连接。　　**计量单位:** 节

编　号			4-5-8	4-5-9	4-5-10
项　目			首节顶升	中间节顶升	尾节顶升
名　称		单位	消　耗　量		
人工	合计工日	工日	28.414	7.883	19.255
	其中 普工	工日	17.049	4.730	11.552
	一般技工	工日	7.103	1.971	4.813
	高级技工	工日	4.262	1.182	2.888
材料	六角螺栓带螺母 M12×200	kg	42.410	13.060	13.060
	枕木	m³	0.070	0.040	0.040
	中厚钢板(综合)	kg	237.800	7.990	242.270
	无缝钢管 D150×6	m	0.241	0.241	0.241
	水泥 52.5	kg	18.360	92.820	92.820
	橡胶板 δ3	kg	10.370	4.500	4.500
	氧气	m³	11.300	0.420	10.080
	乙炔气	kg	4.346	0.162	3.877
	油浸石棉盘根 φ6~10	kg	21.510	—	—
	硅酸钠(水玻璃)	kg	9.790	48.870	48.870
	黏合剂 507	kg	0.470	0.210	0.210
	低合金钢焊条 E43 系列	kg	0.403	0.403	32.342
	电	kW·h	28.540	12.960	30.860
	其他材料费	%	0.50	3.00	1.00
机械	垂直顶升设备	台班	1.130	0.510	1.220
	门式起重机 10t	台班	1.637	0.433	1.062
	电动单筒慢速卷扬机 80kN	台班	1.810	0.480	1.150
	电瓶车 2.5t	台班	1.864	0.408	0.976
	轨道平车 5t	台班	3.728	0.808	1.960
	电动单级离心清水泵 100mm	台班	1.754	0.377	0.923
	交流弧焊机 32kV·A	台班	0.917	0.445	1.089
	轴流通风机 7.5kW	台班	3.924	0.851	2.061
	硅整流充电机 90A/190V	台班	1.615	0.354	0.846
	电焊条烘干箱 60×50×75(cm³)	台班	0.092	0.045	0.109

四、顶升止水框、联系梁、车架

工作内容: 画线、号料、切割、校正;焊接成型;钻孔;吊运油漆。　　　　　计量单位:t

编　号				4-5-11	4-5-12	4-5-13	4-5-14
项　目				止水框	联系梁	转向法兰	顶升车架
名　称			单位	消　耗　量			
人工	合计工日		工日	36.909	9.194	44.871	20.487
	其中	普工	工日	22.145	5.516	26.923	12.292
		一般技工	工日	9.228	2.299	11.218	5.122
		高级技工	工日	5.537	1.379	6.731	3.073
材料	型钢(综合)		kg	—	—	—	524.650
	圆钢(综合)		kg	—	—	—	2.270
	中厚钢板(综合)		kg	1 060.000	1 060.000	1 200.000	530.000
	氧气		m³	51.180	9.290	33.470	12.100
	乙炔气		kg	19.685	3.573	12.873	4.654
	低合金钢焊条 E43 系列		kg	95.259	67.737	90.434	19.860
	防锈漆		kg	17.430	18.700	17.430	18.700
	电		kW·h	38.514	36.900		
	其他材料费		%	3.00	2.00		
机械	门式起重机 10t		台班	2.128	1.403	4.423	2.848
	电瓶车 2.5t		台班	3.190	2.910	—	—
	轨道平车 5t		台班	6.380	2.910	—	—
	轴流通风机 7.5kW		台班	5.376	4.910	—	—
	普通车床 630×2 000		台班	—	—	—	0.023
	板料校平机 16×2 500		台班	0.162	0.123	0.177	0.077
	摇臂钻床 63mm		台班	8.000	—	2.200	0.254
	牛头刨床 650mm		台班	—	—	1.023	—
	剪板机 20×2 000		台班	—	—	—	0.077
	龙门刨床 1 000×3 000		台班	1.838	—	—	—
	交流弧焊机 32kV·A		台班	13.499	9.640	16.284	7.389
	硅整流充电机 90A/190V		台班	2.870	2.620	—	—
	电焊条烘干箱 60×50×75(cm³)		台班	1.350	0.964	1.628	0.739

五、阴极保护安装及附件制作

工作内容：1. 恒电位仪安装：恒电位仪检查、安装；电器连接调试、接电缆。
　　　　　2. 电极安装：支架制作；电极体安装；接通电缆、封环氧。　　　　　计量单位：个

		编　号		4-5-15	4-5-16	4-5-17	4-5-18
		项　目		恒电位仪安装	阳极安装	阴极安装	参比电极安装
		名　称	单位	消　耗　量			
人工		合计工日	工日	5.436	8.845	3.846	2.884
	其中	普工	工日	3.261	5.307	2.307	1.731
		一般技工	工日	1.359	2.212	0.961	0.721
		高级技工	工日	0.815	1.327	0.577	0.432
材料		六角螺栓带螺母 M12×200	kg	8.160	10.200	4.080	1.020
		钢管 D80	kg	—	—	—	17.410
		预埋铁件	kg	46.410	54.400	15.150	3.030
		环氧树脂	kg	—	0.510	0.310	0.200
		硬聚氯乙烯管 φ12.5	m	—	30.600	—	30.600
		胶管（综合）	m	12.240	—	—	—
		橡胶板 δ3	kg	—	—	0.210	—
		紫铜接头	个	—	1.000	1.000	—
		低合金钢焊条 E43 系列	kg	0.515	1.236	0.824	0.206
		铜芯塑料绝缘电线 BV	m	—	—	51.000	—
		塑料绝缘电力电缆 VV 3×10mm² 500V	m	60.000	30.000	50.000	30.000
		防锈漆	kg	1.540	—	0.820	—
		胶塑板	kg	—	26.730	—	—
		电	kW·h	—	116.250	50.540	37.910
		其他材料费	%	3.00	3.00	3.00	3.00
机械		门式起重机 5t	台班	—	0.531	0.354	0.230
		汽车式起重机 8t	台班	0.575	—	—	—
		交流弧焊机 32kV·A	台班	0.445	1.089	0.545	0.354
		硅整流充电机 90A/190V	台班	—	0.423	0.285	0.185
		电瓶车 2.5t	台班	—	0.488	0.328	0.216
		电焊条烘干箱 60×50×75（cm³）	台班	0.045	0.109	0.055	0.035

工作内容：1. 隧道内电缆铺设：安装护套管、支架；电缆敷设、固定、接头、封口、挂牌等。

2. 过渡箱制作安装：箱体制作；安装定位；电缆接线。

编　号			4-5-19	4-5-20	4-5-21	4-5-22
项　目			隧道内电缆铺设	接线箱制作	分支箱制作	过渡盒制作
			100m	个		
名　称		单位	消　耗　量			
人工	合计工日		工日	9.990	1.276	1.276	1.276
	其中	普工	工日	5.994	0.765	0.765	0.765
		一般技工	工日	2.498	0.319	0.319	0.319
		高级技工	工日	1.499	0.191	0.191	0.191
材料	预埋铁件		kg	13.010	0.510	0.810	0.300
	环氧树脂		kg	—	—	16.980	8.160
	硬聚氯乙烯板 δ2~30		kg	—	6.720	3.370	1.940
	硬聚氯乙烯管 ϕ12.5		m	—	8.680	4.340	3.880
	聚氯乙烯管 ϕ165		kg	0.200	—	—	—
	紫铜接头		个	—	9.230	—	3.080
	紫铜丝 ϕ1.6~5.0		kg	0.103	—	—	—
	塑料绝缘电力电缆 VV $3\times10\text{mm}^2$ 500V		m	105.000	—	—	—
	其他材料费		%	1.00	3.00	3.00	3.00
机械	门式起重机 5t		台班	0.265	0.230	—	0.230
	汽车式起重机 8t		台班	0.239	—	0.230	—
	载重汽车 4t		台班	0.224	—	—	—
	电动单筒慢速卷扬机 10kN		台班	0.290	—	—	—
	电瓶车 2.5t		台班	0.248	0.320	—	0.160
	硅整流充电机 90A/190V		台班	0.215	0.277	—	0.138

六、滩地揭顶盖

工作内容：安装卷扬机、搬运、清除杂物；拆除螺栓、揭去顶盖；安装取水头。　　　　　计量单位：个

编　号			4-5-23
项　目			滩地揭顶盖
名　称		单位	消　耗　量
人工	合计工日	工日	27.278
	其中 普工	工日	16.367
	一般技工	工日	6.819
	高级技工	工日	4.091
材料	枕木	m³	0.013
	橡胶板 δ3	kg	3.320
	钢丝绳	kg	6.805
	不锈钢螺钉	个	16.320
	其他材料费	%	1.00
机械	电动单筒慢速卷扬机 10kN	台班	3.460

七、顶升管节钢壳

工作内容：画线、号料、切割、金加工、校正；焊接、钢筋成型。 计量单位：t

编　号			4-5-24	4-5-25	4-5-26
项　目			顶升管节钢壳		
			首节	中间节	尾节
名　称		单位	消　耗　量		
人工	合计工日		工日	46.532	29.981	31.762
	其中	普工	工日	27.919	17.989	19.058
		一般技工	工日	11.632	7.495	7.941
		高级技工	工日	6.980	4.498	4.764
材料	型钢（综合）		kg	36.510	38.170	38.170
	中厚钢板（综合）		kg	461.000	957.000	976.000
	不锈钢板（综合）		kg	438.715	—	—
	无缝钢管 $D50 \times 3.5$		m	—	—	12.090
	外接头 $\phi 50$		个	—	—	3.770
	管堵 $\phi 50$		个	—	—	3.733
	氧气		m^3	14.150	29.570	31.260
	乙炔气		kg	5.442	11.373	12.023
	不锈钢焊条（综合）		kg	39.500	—	—
	炭精棒 $\phi 48$		根	212.820	—	—
	其他材料费		%	0.50	0.50	0.50
机械	门式起重机 5t		台班	6.573	4.299	4.299
	牛头刨床 650mm		台班	1.000	0.708	0.708
	板料校平机 $16 \times 2\,500$		台班	0.185	0.254	0.254
	等离子切割机 400A		台班	1.938	—	—

第六章 隧 道 沉 井

说　　明

一、本章包括沉井制作、沉井下沉、沉井混凝土封底、沉井混凝土填心、钢封门安拆等项目。

二、本章适用于软土隧道工程中采用沉井方法施工的盾构工作井及暗埋段连续沉井。

三、沉井项目已按矩形和圆形综合取定,执行不做调整。

四、沉井下沉应根据实际工况条件确定下沉方法,执行相应的沉井下沉消耗量。挖土下沉不包括土方外运,水力出土不包括砌筑集水坑及排泥水处理。

五、水力机械出土下沉及钻吸法吸泥下沉项目均已包括井内、外管路及附属设备的摊销。

六、沉井钢筋制作、安装执行第九册《钢筋工程》相关消耗量。

工程量计算规则

一、基坑开挖的底部尺寸,按沉井外壁每侧加宽 2.0m 计算,执行第一册《土石方工程》中的基坑挖土项目。

二、沉井基坑砂垫层及刃脚基础垫层工程量按设计图示尺寸以体积计算。

三、沉井刃脚、框架梁、井壁、井墙、底板、砖封预留孔洞均按设计图示尺寸以体积计算。其中:刃脚的计算高度,从刃脚踏面至井壁外凸口计算。如沉井井壁没有外凸口时,则从刃脚踏面至底板顶面为准;底板下的地梁并入底板计算;框架梁的工程量包括嵌入井壁部分的体积;井壁、隔墙或底板混凝土中,不扣除单孔面积 $0.3m^2$ 以内的孔洞体积。

四、沉井制作脚手架执行第十一册《措施项目》,无论沉井分几次下沉,其工程量均按井壁中心线周长与隔墙长度之和乘以井高计算。

五、沉井下沉土方工程量,按沉井外壁所围的面积乘以下沉深度,再乘以土方回淤系数以体积计算。排水下沉深度大于 10m 时,回淤系数为 1.05;不排水下沉深度大于 15m 时,回淤系数为 1.02。

六、触变泥浆工程量按刃脚外凸口的水平面积乘以高度以体积计算。

七、环氧沥青防水层按设计图示尺寸以面积计算。

八、沉井砂石料填心、混凝土封底的工程量,按设计图纸或批准的施工组织设计以体积计算。

九、钢封门安、拆工程量,按设计图示尺寸以质量计算。拆除后按主材原值的 70% 予以回收。

一、沉 井 制 作

工作内容：1. 砂垫层：平整基坑；运砂；分层铺平；浇水振实、抽水。
　　　　　2. 刃脚基础垫层：配模、立模、拆模；混凝土吊运、浇捣、养护。　　　　　计量单位：10m³

	编　　号		4-6-1	4-6-2
	项　　目		沉井基坑垫层	
			砂垫层	刃脚基础垫层
	名　　称	单位	消　耗　量	
人工	合计工日	工日	4.306	17.048
	其中 普工	工日	2.583	10.229
	一般技工	工日	1.076	4.262
	高级技工	工日	0.646	2.558
材料	预拌混凝土 C20	m³	—	10.100
	砂子（中粗砂）	m³	12.890	—
	木模板	m³	—	0.210
	圆钉	kg	—	5.010
	草袋	个	—	36.800
	水	m³	4.124	9.820
	电	kW·h	3.200	4.040
	其他材料费	%	1.00	1.00
机械	履带式起重机 25t	台班	0.167	0.327
	自卸汽车 4t	台班	0.170	—
	木工圆锯机 1 000mm	台班	—	0.431

工作内容: 配模、立模、拆模;混凝土泵送、浇捣、养护;施工缝处理、凿毛等。

编　号			4-6-3	4-6-4	4-6-5	4-6-6
项　目			沉井制作			
			刃脚		框架	
			混凝土	模板	混凝土	模板
			10m³	10m²	10m³	10m²
名　称		单位	消　耗　量			
人工	合计工日	工日	6.707	5.879	6.560	5.824
	其中 普工	工日	4.024	3.527	3.936	3.494
	一般技工	工日	1.677	1.470	1.640	1.456
	高级技工	工日	1.006	0.882	0.984	0.874
材料	预拌混凝土 C25	m³	10.100	—	10.100	—
	草袋	个	0.287	—	0.940	—
	钢模板	kg	—	5.790	—	3.640
	钢模板连接件	kg	—	1.790	—	1.690
	钢模支撑	kg	—	2.720	—	1.670
	六角螺栓带螺母 M12×200	kg	—	28.990	—	16.080
	尼龙帽	个	—	5.550	—	5.290
	木模板	m³	—	0.240	—	0.490
	圆钉	kg	—	1.300	—	1.610
	水	m³	1.730	—	1.170	—
	电	kW·h	6.500	—	7.250	—
	其他材料费	%	1.00	1.00	0.50	1.50
机械	混凝土输送泵车 75m³/h	台班	0.195	—	0.218	—
	电动空气压缩机 6m³/min	台班	0.391	—	—	—
	履带式起重机 25t	台班	—	0.072	—	0.207
	木工圆锯机 1 000mm	台班	—	0.223	—	0.223

工作内容：配模、立模、拆模；混凝土泵送、浇捣、养护；施工缝处理、凿毛等。

编　号			4-6-7	4-6-8	4-6-9	4-6-10
项　目			沉井制作			
			井壁、隔墙		底板	
			混凝土	模板	混凝土	模板
			10m³	10m²	10m³	10m²
名　称		单位	消　耗　量			
人工	合计工日		工日	6.790	5.051	11.776	7.746
	其中	普工	工日	4.074	3.030	7.066	4.648
		一般技工	工日	1.697	1.263	2.944	1.937
		高级技工	工日	1.018	0.758	1.766	1.162
材料	预拌混凝土 C25		m³	10.100	—	10.100	—
	草袋		个	0.480	—	0.600	—
	水		m³	1.500	—	1.270	—
	电		kW·h	6.250	—	3.750	—
	钢模板		kg	—	6.950	1.000	—
	钢模板连接件		kg	—	2.160	—	—
	钢模支撑		kg	—	3.200	—	—
	六角螺栓带螺母 M12×200		kg	—	23.110	—	—
	尼龙帽		个	—	5.550	—	—
	木模板		m³	—	0.100	—	0.360
	圆钉		kg	—	0.360	—	1.340
	其他材料费		%	0.50	1.50	1.00	1.00
机械	混凝土输送泵车 75m³/h		台班	0.188	—	0.113	—
	履带式起重机 25t		台班	—	0.087	—	—
	木工圆锯机 1 000mm		台班	—	0.038	—	0.431

工作内容: *砌筑;水泥砂浆抹面;沉井后拆除清理。* 计量单位:10m³

	编 号		4-6-11
	项 目		砖封预留孔洞
	名 称	单位	消 耗 量
人工	合计工日	工日	37.070
	其中 普工	工日	22.242
	一般技工	工日	9.267
	高级技工	工日	5.560
材料	水泥砂浆 1:2	m³	0.850
	砌筑水泥砂浆 M5.0	m³	2.780
	标准砖 240×115×53	千块	5.500
	其他材料费	%	1.00
机械	履带式起重机 25t	台班	0.621
	干混砂浆罐式搅拌机	台班	0.149

二、沉 井 下 沉

工作内容: 吊车挖土、装车、卸土;人工挖刃脚及地梁下土体;纠偏控制沉井标高;
清底修平、排水。 计量单位:100m³

	编 号		4-6-12	4-6-13	4-6-14
	项 目		吊车挖土下沉		
			排水下沉(m 以内)		
			8	12	16
	名 称	单位	消 耗 量		
人工	合计工日	工日	30.360	37.444	47.463
	其中 普工	工日	18.216	22.466	28.478
	一般技工	工日	7.590	9.361	11.866
	高级技工	工日	4.554	5.617	7.120
材料	枕木	m³	0.090	0.090	0.090
	钢平台	kg	20.854	20.840	20.840
	其他材料费	%	15.00	15.00	15.00
机械	履带式起重机 25t	台班	2.588	3.184	4.045
	电动单级离心清水泵 200mm	台班	1.106	1.327	1.548

工作内容:安装、拆除水力机械和管路;搭拆施工钢平台;水枪压力控制;水力机械冲吸泥下沉、纠偏等。

计量单位:100m³

编　号			4-6-15	4-6-16
项　目			水力机械冲吸泥下沉	
			下沉深度(m 以内)	
			15	20
名　称		单位	消　耗　量	
人工	合计工日	工日	36.653	50.195
	其中 普工	工日	21.992	30.117
	一般技工	工日	9.163	12.549
	高级技工	工日	5.498	7.529
材料	钢管	kg	219.000	219.000
	钢平台	kg	20.854	20.840
	其他材料费	%	12.00	12.00
机械	履带式起重机 25t	台班	0.112	0.112
	电动多级离心清水泵 150mm 180m 以下	台班	5.420	7.460
	电动单级离心清水泵 150mm	台班	4.169	5.738

工作内容: 安装、拆除吸泥起重设备;升、降移动吸泥管;吸泥下沉纠偏;控制标高;排泥管、进水管装拆。

计量单位:100m³

编　号				4-6-17	4-6-18
项　目				不排水潜水员吸泥下沉	
				下沉深度(m以内)	
				29	32
名　称			单位	消　耗　量	
人工	合计工日		工日	125.488	150.788
	其中	普工	工日	75.293	90.473
		一般技工	工日	31.372	37.697
		高级技工	工日	18.823	22.618
材料	钢平台		kg	20.840	20.840
	钢管		kg	19.560	19.560
	其他材料费		%	12.00	12.00
机械	履带式起重机 25t		台班	8.584	10.316
	电动多级离心清水泵 150mm 180m 以下		台班	12.400	14.900
	电动单级离心清水泵 200mm		台班	10.969	13.181
	电动空气压缩机 20m³/min		台班	10.442	12.547
	潜水设备		台班	14.940	17.952

工作内容:管路敷设、取水、机械移位；破碎土体、冲吸泥浆、排泥；测量检查；
下沉纠偏；纠偏控制标高；管路及泵维修；清泥平整等。 计量单位:100m³

编　号			4-6-19	4-6-20	4-6-21	4-6-22
项　目			钻吸法出土下沉			
			下沉深度（m 以内）			
			20	25	30	35
名　称		单位	消　耗　量			
人工	合计工日		工日	70.877	81.714	99.995	117.898
	其中	普工	工日	42.526	49.029	59.997	70.739
		一般技工	工日	17.719	20.429	24.999	29.475
		高级技工	工日	10.632	12.257	15.000	17.685
材料	法兰闸阀 Z45T-10 DN150		个	0.218	0.158	0.139	0.139
	六角螺栓带螺母 M12×200		kg	5.640	4.260	3.470	3.470
	钢管		kg	48.310	34.980	28.470	27.460
	橡胶管 D150		m	1.150	0.860	0.690	0.650
	橡套电力电缆 YHC 3×50mm²+1×6mm²		m	2.580	1.840	1.470	1.400
	钢平台		kg	5.160	3.960	3.660	3.940
	其他材料费		%	5.00	5.00	5.00	5.00
机械	电动多级离心清水泵 150mm 180m 以下		台班	10.140	11.900	14.430	16.950
	电动单级离心清水泵 150mm		台班	10.140	11.900	14.430	16.950
	潜水设备		台班	1.952	2.289	2.777	3.259

工作内容：1.触变泥浆制作和输送：沉井泥浆管路预埋；泥浆池至井壁管路敷设；触变泥浆制作、输送；泥浆性能测试。

2.环氧沥青防水层：清洗混凝土表面；调制涂料、涂刷；搭拆简易脚手。

	编　号		4-6-23	4-6-24
	项　目		触变泥浆制作、输送	环氧沥青防水层
			10m³	100m²
	名　称	单位	消　耗　量	
人工	合计工日	工日	4.453	14.085
	其中 普工	工日	2.672	8.451
	一般技工	工日	1.113	3.522
	高级技工	工日	0.668	2.113
材料	六角螺栓带螺母 M12×200	kg	1.170	—
	型钢（综合）	kg	25.910	—
	钢管	kg	25.150	—
	碳酸钠（纯碱）	kg	56.600	—
	羧甲基纤维素	kg	34.280	—
	高压橡胶管 φ100	m	0.080	—
	橡胶板 δ3	kg	10.440	—
	膨润土	kg	2 631.500	—
	聚氨酯固化剂	kg	—	25.650
	环氧沥青漆	kg	—	25.650
	水	m³	8.810	—
	其他材料费	%	6.00	1.00
机械	泥浆泵 50mm	台班	1.177	—
	泥浆泵 100mm	台班	9.300	—

三、沉井混凝土封底

工作内容:1.混凝土干封底:混凝土输送;浇捣、养护。

2.水下混凝土封底:搭拆浇捣平台、导管及送料架;混凝土输送、浇捣;

测量平整;抽水;凿除凸面混凝土;废混凝土块吊出井口。　　　　　　　计量单位:10m³

编　号				4-6-25	4-6-26
项　目				混凝土干封底	水下混凝土封底
名　称			单位	消　耗　量	
人工	合计工日		工日	7.544	17.140
	其中	普工	工日	4.526	10.284
		一般技工	工日	1.886	4.285
		高级技工	工日	1.132	2.571
材料	水下混凝土 C25		m³	—	11.443
	预拌混凝土 C20		m³	10.100	—
	型钢(综合)		kg	—	46.500
	枕木		m³	0.060	—
	钢管		kg	—	11.040
	低合金钢焊条 E43 系列		kg	—	0.768
	氧气		m³	—	0.190
	乙炔气		kg	—	0.073
	电		kW·h	2.240	—
	其他材料费		%	1.50	2.00
机械	履带式起重机 25t		台班	—	0.637
	混凝土输送泵车 75m³/h		台班	0.211	0.331
	电动空气压缩机 6m³/min		台班	—	0.180
	潜水泵 150mm		台班	0.431	0.223
	电动多级离心清水泵 150mm 180m 以下		台班	—	0.300
	潜水设备		台班	—	0.331

四、沉 井 填 心

工作内容：装运砂石料；吊入井底，依次铺石料、黄砂；整平；工作面排水。   计量单位：10m³

编　号				4-6-27	4-6-28	4-6-29
项　目				砂石料填心（排水下沉）		
				井内铺块石	井内铺碎石	井内铺黄砂
名　称			单位	消　耗　量		
人工	合计工日		工日	6.357	6.320	4.260
	其中	普工	工日	3.814	3.792	2.556
		一般技工	工日	1.590	1.581	1.065
		高级技工	工日	0.954	0.949	0.639
材料	块石		m³	11.110	11.000	—
	碎石 5~40		m³	—	11.220	—
	砂子（中粗砂）		m³	—	—	12.890
	其他材料费		%	2.00	2.00	2.00
机械	履带式起重机 25t		台班	0.279	0.374	0.231
	潜水泵 150mm		台班	0.554	0.723	0.662

工作内容：装运石料；吊入井底；潜水员铺平石料。   计量单位：10m³

编　号				4-6-30	4-6-31
项　目				砂石料填心（不排水下沉）	
				井内水下抛铺块石	井内水下铺碎石
名　称			单位	消　耗　量	
人工	合计工日		工日	7.176	7.066
	其中	普工	工日	4.306	4.239
		一般技工	工日	1.794	1.766
		高级技工	工日	1.076	1.060
材料	块石		m³	11.110	11.000
	碎石 5~40		m³	—	11.220
	其他材料费		%	2.00	2.00
机械	履带式起重机 15t		台班	0.885	1.177
	电动空气压缩机 6m³/min		台班	0.722	0.962
	潜水设备		台班	0.771	1.018

五、钢　封　门

工作内容：铁件焊接定位；钢封门吊装、横扁担梁定位；焊接、缝隙封堵。　　　　　　　**计量单位：**t

编　号			4-6-32	4-6-33	4-6-34
项　目			钢封门安装		
			φ4 000 以内	φ5 000 以内	φ7 000 以内
名　称		单位	消　耗　量		
人工	合计工日	工日	4.927	4.662	4.043
	其中　普工	工日	2.956	2.797	2.426
	一般技工	工日	1.232	1.166	1.011
	高级技工	工日	0.739	0.699	0.606
材料	钢密封门	t	1.000	1.000	1.000
	型钢（综合）	kg	32.410	24.580	10.420
	玻璃布	m²	1.420	1.370	1.130
	水泥 52.5	kg	14.000	14.000	12.000
	硅酸钠（水玻璃）	kg	2.820	2.730	2.220
	其他材料费	%	3.00	3.00	3.00
机械	履带式起重机 25t	台班	0.183	0.195	0.177

工作内容：切割、吊装定位钢梁及连接铁件；钢封门吊拔堆放。　　　　　　　　　　　　**计量单位：**t

编　号			4-6-35	4-6-36	4-6-37
项　目			钢封门拆除		
			φ4 000 以内	φ5 000 以内	φ7 000 以内
名　称		单位	消　耗　量		
人工	合计工日	工日	3.496	3.275	2.751
	其中　普工	工日	2.098	1.965	1.650
	一般技工	工日	0.874	0.819	0.688
	高级技工	工日	0.524	0.491	0.413
材料	氧气	m³	1.110	1.110	1.110
	乙炔气	kg	0.427	0.427	0.427
	其他材料费	%	5.00	5.00	5.00
机械	履带式起重机 25t	台班	0.271	0.230	0.203
	电动单筒慢速卷扬机 10kN	台班	0.338	0.277	0.238

第七章　地下混凝土结构

说　明

一、本章包括隧道内钢筋混凝土结构、其他混凝土结构、装配式混凝土结构等项目。

二、本章适用于隧道暗埋段、引道段的内部结构、隧道内路面及现浇内衬混凝土工程。

三、结构消耗量中未列预埋件费用,可另行计算。

四、钢筋制作、安装执行第九册《钢筋工程》相应项目。

五、消耗量中混凝土浇捣未含脚手架。

六、隧道内衬施工未包括各种滑模、台车及操作平台费用,可另行计算。

七、引道道路与圆隧道道路以盾构掘进方向工作井内井壁为界。

八、圆形隧道路面以大型槽型板作底模,如采用其他方式时消耗量允许调整。

九、隧道路面沉降缝、变形缝执行第二册《道路工程》相应项目,其人工、机械乘以系数 1.10。

十、装配式混凝土部件适用于口子件、中层板、护板的预制及安装。

工程量计算规则

一、现浇混凝土工程量按设计图示尺寸以体积计算,不扣除单孔面积 $0.3m^2$ 以内的孔洞体积。

二、有梁板的柱高,自柱基础顶面至梁、板顶面计算,梁高以设计高度为准。梁与柱交接,梁长算至柱侧面(即柱间净长)。

三、混凝土墙高按设计图示尺寸计算。采用逆作法工艺施工时,底板计算至墙内侧;采用顺作法工艺施工时,底板计算至墙外侧。顶板均计算至墙外侧。

四、混凝土柱或梁与混凝土墙相叠加的部分,分别按柱或梁计算。

五、混凝土板(底板、顶板)与靠墙及不靠墙的斜角都算在板内。

六、口子件、中层板、护板的预制及安装工程量按设计图示尺寸以体积计算;模板工程量按设计图示尺寸以模板与混凝土的接触面积计算。

一、隧道内钢筋混凝土结构

工作内容: 1.砂垫层:砂石料吊车吊运;摊铺平整分层浇水振实。
　　　　　　 2.混凝土垫层:配模、立模、拆模;混凝土浇捣、养护。　　　　　　　　　　　计量单位:10m³

编　号			4-7-1	4-7-2
项　目			基坑垫层	
			砂垫层	混凝土垫层
名　称		单位	消　耗　量	
人工	合计工日	工日	5.759	5.342
	其中 普工	工日	3.743	3.472
	一般技工	工日	1.440	1.335
	高级技工	工日	0.576	0.535
材料	预拌混凝土 C20	m³	—	10.100
	砂子(中粗砂)	m³	12.980	—
	草袋	个	—	47.840
	木模板	m³	—	0.020
	圆钉	kg	—	0.460
	水	m³	2.000	9.381
	电	kW·h	2.705	0.914
机械	履带式起重机 15t	台班	0.336	0.097
	混凝土输送泵车 75m³/h	台班	—	0.250
	潜水泵 100mm	台班	0.700	0.480

工作内容：1. 混凝土护坡：修整边坡；混凝土浇筑抹平养护。
 2. 砂浆护坡：修整边坡；砂浆浇筑抹平养护。　　　　　　　　　计量单位：100m²

编　号		4-7-3	4-7-4	4-7-5	4-7-6
项　目		钢丝网水泥护坡			
		混凝土护坡（厚 mm）		水泥砂浆护坡（厚 mm）	
		100	每增减 20	50	每增减 10
名　称	单位	消　耗　量			
人工 合计工日	工日	11.086	2.283	12.425	2.237
其中 普工	工日	7.205	1.484	8.076	1.331
其中 一般技工	工日	2.771	0.571	3.106	0.647
其中 高级技工	工日	1.110	0.228	1.243	0.259
材料 预拌混凝土 C20	m³	10.100	2.020	—	—
材料 草袋	个	71.760	—	71.760	—
材料 木模板	m³	0.080		0.040	
材料 圆钉	kg	1.700	—	1.700	—
材料 脱模油	kg	0.880	—	0.880	—
材料 镀锌铁丝 φ0.7	kg	2.630	—	2.630	—
材料 砌筑水泥砂浆 M10	m³	—	—	5.020	1.000
材料 水	m³	14.048	—	14.048	—
材料 其他材料费	%	0.50	0.50	0.50	0.50
机械 履带式起重机 15t	台班	0.212	—	0.425	0.044
机械 混凝土输送泵车 75m³/h	台班	0.240	0.050	—	—
机械 木工圆锯机 500mm	台班	0.560	—	0.560	—
机械 干混砂浆罐式搅拌机	台班	—	—	0.206	0.041

工作内容：水泥砂浆砌砖；混凝土浇捣、养护。

编　号			4-7-7	4-7-8
项　目			地梁	
			混凝土	模板（砖模）
			10m³	10m²
名　称		单位	消　耗　量	
人工	合计工日	工日	2.073	3.317
	其中　普工	工日	1.347	2.156
	一般技工	工日	0.518	0.829
	高级技工	工日	0.207	0.332
材料	预拌混凝土 C15	m³	—	2.870
	预拌混凝土 C30	m³	10.100	—
	草袋	个	3.850	—
	六角螺栓带螺母 M12×200	kg	2.550	—
	枕木	m³	0.030	—
	钢支撑	kg	2.650	—
	热轧薄钢板（综合）	kg	20.900	—
	砂子（中粗砂）	m³	—	6.990
	预拌砌筑砂浆（干拌）DM M10	m³	—	0.620
	标准砖 240×115×53	千块	—	1.970
	水	m³	0.762	—
	电	kW·h	8.419	—
	其他材料费	%	1.00	
机械	履带式起重机 15t	台班	—	0.690
	干混砂浆罐式搅拌机	台班	—	0.025
	混凝土输送泵车 75m³/h	台班	0.280	
	潜水泵 100mm	台班	2.210	0.960

工作内容：配模、立模、拆模；混凝土浇捣养护。

编　号			4-7-9	4-7-10	4-7-11
项　目			底板		
			混凝土（底板厚 m）		模板
			0.6 以上	0.6 以下	
			10m³		10m²
名　称		单位	消　耗　量		
人工	合计工日	工日	1.447	1.306	4.536
	其中 普工	工日	0.940	0.849	2.949
	一般技工	工日	0.362	0.327	1.134
	高级技工	工日	0.144	0.131	0.454
材料	预拌混凝土 C30	m³	10.100	10.100	—
	草袋	个	17.680	9.360	—
	六角螺栓带螺母 M12×200	kg	—	—	8.400
	木模板	m³	—	—	0.100
	圆钉	kg	—	—	0.300
	脱模油	kg	—	—	1.100
	钢模板	kg	—	—	6.300
	钢模支撑	kg	—	—	2.200
	尼龙帽	个	—	—	5.300
	水	m³	3.600	1.848	—
	电	kW·h	8.914	7.505	—
机械	履带式起重机 15t	台班	—	—	0.212
	木工圆锯机 500mm	台班	—	—	0.200
	混凝土输送泵车 75m³/h	台班	0.170	0.140	—

工作内容：配模、立模、拆模；混凝土浇捣养护。

工作内容：配模、立模、拆模；混凝土浇捣、养护；混凝土表面处理。

编　　号				4-7-12	4-7-13	4-7-14
项　　目				墙		
				混凝土（墙厚 m）		模板
				0.5 以内	0.5 以外	
				10m³		10m²
名　　称			单位	消　耗　量		
人工	合计工日		工日	1.963	1.760	4.614
	其中	普工	工日	1.276	1.144	2.999
		一般技工	工日	0.490	0.440	1.154
		高级技工	工日	0.196	0.176	0.462
材料	预拌混凝土 C30		m³	10.100	10.100	—
	草袋		个	11.540	5.780	—
	木模板		m³	—	—	0.030
	圆钉		kg	—	—	0.220
	脱模油		kg	—	—	1.100
	六角螺栓带螺母 M12×200		kg	—	—	6.280
	钢模板		kg	—	—	6.900
	钢模支撑		kg	—	—	4.900
	尼龙帽		个	—	—	8.000
	钢模板连接件		kg	—	—	3.380
	水		m³	4.105	2.105	—
	电		kW·h	7.467	5.371	—
	其他材料费		%	1.00	1.00	
机械	履带式起重机 15t		台班	—	—	0.106
	木工圆锯机 500mm		台班	—	—	0.090
	电动空气压缩机 0.6m³/min		台班	—	—	0.060
	混凝土输送泵车 75m³/h		台班	0.300	0.270	—

工作内容: 地下墙墙面凿毛、清洗;配模、立模、拆模;混凝土浇捣养护;混凝土表面处理。

	编　号		4-7-15	4-7-16
	项　目		衬墙	
			混凝土	模板
			10m³	10m²
	名　称	单位	消　耗　量	
人工	合计工日	工日	2.260	7.664
	其中 普工	工日	1.469	4.982
	一般技工	工日	0.565	1.916
	高级技工	工日	0.226	0.766
材料	预拌混凝土 C30	m³	10.100	—
	草袋	个	11.540	—
	木模板	m³	—	0.040
	圆钉	kg	—	0.170
	脱模油	kg	—	1.100
	六角螺栓带螺母 M12×200	kg	—	7.560
	钢模板	kg	—	7.110
	钢模支撑	kg	—	3.150
	尼龙帽	个	—	8.000
	钢模板连接件	kg	—	3.600
	水	m³	2.038	—
	电	kW·h	2.324	—
	其他材料费	%	1.00	—
机械	履带式起重机 15t	台班	—	0.088
	木工圆锯机 500mm	台班	—	0.050
	电动空气压缩机 0.6m³/min	台班	—	0.740
	混凝土输送泵车 75m³/h	台班	0.340	—

工作内容: 配模、立模、拆模;混凝土浇捣养护;混凝土表面处理。

编　号			4-7-17	4-7-18
项　目			柱	
			混凝土	模板
			10m³	10m²
名　称		单位	消　耗　量	
人工	合计工日	工日	2.753	4.560
	其中 普工	工日	1.789	2.963
	一般技工	工日	0.688	1.140
	高级技工	工日	0.275	0.456
材料	预拌混凝土 C30	m³	10.100	—
	木模板	m³	—	0.020
	圆钉	kg	—	0.210
	脱模油	kg	—	1.100
	六角螺栓带螺母 M12×200	kg	—	4.500
	钢模板	kg	—	6.960
	钢模支撑	kg	—	4.920
	尼龙帽	个	—	2.860
	钢模板连接件	kg	—	3.600
	水	m³	3.781	—
	电	kW·h	4.914	—
	其他材料费	%	1.00	—
机械	履带式起重机 15t	台班	—	0.106
	木工圆锯机 500mm	台班	—	0.160
	电动空气压缩机 0.6m³/min	台班	—	0.060
	混凝土输送泵车 75m³/h	台班	0.310	—

工作内容：配模、立模、拆模；混凝土浇捣养护；混凝土表面处理。

编　　号			4-7-19	4-7-20	4-7-21
项　　目			梁		
			混凝土（梁高 m）		模板
			0.6 以内	0.6 以外	
			10m³		10m²
名　　称		单位	消　耗　量		
人工	合计工日	工日	2.768	2.549	5.498
	其中 普工	工日	1.800	1.657	3.573
	一般技工	工日	0.692	0.638	1.374
	高级技工	工日	0.277	0.255	0.550
材料	预拌混凝土 C30	m³	10.100	10.100	—
	草袋	个	34.660	11.540	—
	木模板	m³	—	—	0.020
	圆钉	kg	—	—	0.210
	脱模油	kg	—	—	1.100
	六角螺栓带螺母 M12×200	kg	—	—	4.690
	钢模板	kg	—	—	6.960
	钢模支撑	kg	—	—	6.900
	尼龙帽	个	—	—	2.980
	钢模板连接件	kg	—	—	7.200
	螺栓顶托	个	—	—	0.140
	水	m³	4.781	4.000	—
	电	kW·h	4.876	4.419	—
	其他材料费	%	1.00	1.00	—
机械	履带式起重机 15t	台班	—	—	0.124
	木工圆锯机 500mm	台班	—	—	0.090
	电动空气压缩机 0.6m³/min	台班	—	—	0.210
	混凝土输送泵车 75m³/h	台班	0.330	0.300	—

工作内容：配模、立模、拆模；混凝土浇捣养护；混凝土表面处理。

编　号			4-7-22	4-7-23	4-7-24	4-7-25
项　目			平台、顶板			模板
			混凝土（板厚 m）			
			0.3 以下	0.5 以下	0.5 以上	
			10m³			10m²
名　称		单位	消　耗　量			
人工	合计工日	工日	1.604	1.517	1.423	5.474
	其中 普工	工日	1.042	0.986	0.926	3.559
	一般技工	工日	0.401	0.379	0.356	1.369
	高级技工	工日	0.160	0.152	0.143	0.547
材料	预拌混凝土 C30	m³	10.100	10.100	10.100	—
	草袋	个	23.920	14.350	10.240	—
	木模板	m³	—	—	—	0.100
	圆钉	kg	—	—	—	0.560
	脱模油	kg	—	—	—	1.100
	六角螺栓带螺母 M12×200	kg	—	—	—	2.230
	钢模板	kg	—	—	—	5.700
	钢模支撑	kg	—	—	—	16.920
	尼龙帽	个	—	—	—	1.460
	钢模板连接件	kg	—	—	—	9.800
	螺栓顶托	个	—	—	—	0.430
	水	m³	5.067	3.086	2.305	—
	电	kW·h	2.133	1.943	1.752	—
	其他材料费	%	1.00	1.00	1.00	—
机械	履带式起重机 15t	台班	—	—	—	0.124
	木工圆锯机 500mm	台班	—	—	—	0.590
	电动空气压缩机 0.6m³/min	台班	—	—	—	0.370
	混凝土输送泵车 75m³/h	台班	0.210	0.190	0.180	—

二、隧道内其他结构混凝土

工作内容: 配模、立模、拆模;混凝土浇捣养护;混凝土表面处理。

编　号			4-7-26	4-7-27	4-7-28	4-7-29	4-7-30	4-7-31
项　　目			楼梯		电缆沟		车道侧石	
			混凝土	模板	混凝土	模板	混凝土	模板
			10m³	10m²	10m³	10m²	10m³	10m²
名　　称		单位	消　耗　量					
人工	合计工日		工日	10.526	7.891	8.837	4.153	3.363	5.834
	其中	普工	工日	6.842	5.129	5.744	2.699	2.186	3.792
		一般技工	工日	2.631	1.972	2.209	1.038	0.841	1.458
		高级技工	工日	1.052	0.789	0.884	0.415	0.337	0.583
材料	预拌混凝土 C20		m³	—	—	—	—	10.100	—
	预拌混凝土 C30		m³	10.100	—	10.100	—	5.555	—
	草袋		个	111.280	—	31.200	—	52.000	—
	木模板		m³	—	0.040	—	0.020	—	0.020
	圆钉		kg	—	0.210	—	0.210	—	0.210
	脱模油		kg	—	1.100	—	1.100	—	1.100
	六角螺栓带螺母 M12×200		kg	—	4.310	—	6.020	—	3.590
	钢模板		kg	—	6.960	—	6.960	—	6.960
	钢模支撑		kg	—	8.890	—	4.920	—	—
	尼龙帽		个	—	2.740	—	8.000	—	5.710
	钢模板连接件		kg	—	3.600	—	3.600	—	4.320
	螺栓顶托		个	—	0.800	—	—	—	—
	水		m³	8.914	—	5.514	—	5.305	—
	电		kW·h	22.895	—	19.162	—	2.705	—
	其他材料费		%	1.00	—	1.00	—	1.00	—
机械	木工圆锯机 500mm		台班	—	0.280	—	0.340	—	0.140
	履带式起重机 15t		台班	1.300	0.159	1.088	0.106	—	0.062
	混凝土输送泵车 75m³/h		台班	—	—	—	—	0.380	—

工作内容：隧道内冲洗；配模、立模、拆模；混凝土浇捣养护。

编　号			4-7-32	4-7-33	4-7-34	4-7-35
项　目			弓形底板		支承墙	
			混凝土	模板	混凝土	模板
			10m³	10m²	10m³	10m²
名　称		单位	消　耗　量			
人工	合计工日	工日	5.036	37.200	4.974	6.264
	其中 普工	工日	3.273	24.179	3.233	4.072
	一般技工	工日	1.259	9.300	1.244	1.566
	高级技工	工日	0.503	3.720	0.498	0.627
材料	预拌混凝土 C30	m³	10.100	—	10.100	—
	钢模板	kg	—	—	—	6.880
	钢模板连接件	kg	—	—	—	3.560
	钢模支撑	kg	—	11.640	—	4.920
	六角螺栓带螺母 M12×200	kg	—	12.750	—	6.290
	尼龙帽	个	—	7.950	—	4.030
	木模板	m³	—	0.330	—	0.030
	圆钉	kg	—	2.130	—	0.230
	脱模油	kg	—	—	—	1.100
	鱼尾板	kg	—	19.090	—	0.270
	轻轨	kg	—	276.823	—	3.682
	水	m³	3.690	—	4.270	—
	电	kW·h	124.880	80.000	81.320	50.000
	其他材料费	%	1.00	—	1.00	—
机械	混凝土输送泵车 75m³/h	台班	0.203	—	0.308	—
	混凝土输送泵 30m³/h	台班	0.360	—	0.413	—
	门式起重机 10t	台班	—	0.102	—	0.142
	木工圆锯机 500mm	台班	—	1.887	—	0.146
	电瓶车 2.5t	台班	—	1.021	—	0.008
	轨道平车 5t	台班	—	2.043	—	0.032
	硅整流充电机 90A/190V	台班	—	0.935	—	0.008
	轴流通风机 7.5kW	台班	—	1.021	—	0.009

工作内容: 1. 顶内衬: 牵引内衬滑模及操作平台; 定位、上油、校正、脱卸清洗; 混凝土泵送或集料斗电瓶车运至工作面浇捣养护; 混凝土表面处理。

2. 槽形板: 槽形板吊入隧道内驳运; 行车安装; 混凝土充填; 焊接固定; 槽形板下支撑搭拆。

	编 号		4-7-36	4-7-37
	项 目		侧墙及顶内衬	槽形板安装
			10m³	100m²
	名 称	单位	消 耗 量	
人工	合计工日	工日	20.326	12.302
	其中 普工	工日	13.212	7.997
	一般技工	工日	5.082	3.076
	高级技工	工日	2.032	1.230
材料	预拌混凝土 C20	m³	—	1.423
	预拌混凝土 C30	m³	10.100	—
	车道槽形板	m²	—	101.000
	镀锌铁丝 φ0.7	kg	2.345	—
	木模板	m³	—	0.700
	枕木	m³	—	0.040
	钢模支撑	kg	—	46.430
	钢模板连接件	kg	—	28.000
	螺栓顶托	个	—	2.000
	预埋铁件	kg	—	47.710
	轻轨	kg	9.444	66.992
	脱模油	kg	4.910	—
	水	m³	3.140	—
	电	kW·h	156.000	262.000
	其他材料费	%	2.00	1.00
机械	门式起重机 5t	台班	—	1.008
	门式起重机 10t	台班	0.345	2.088
	电瓶车 2.5t	台班	0.368	—
	电瓶车 8t	台班	—	2.920
	轨道平车 5t	台班	0.136	5.840
	电动空气压缩机 0.6m³/min	台班	—	0.707
	硅整流充电机 90A/190V	台班	0.315	2.531
	轴流通风机 7.5kW	台班	0.932	—
	混凝土输送泵车 75m³/h	台班	0.398	—
	电动单筒慢速卷扬机 10kN	台班	0.800	—

工作内容：配模、立模、拆模；混凝土浇捣、制缝、扫面；湿治，沥青灌缝。　　　　　计量单位：10m³

	编　号		4-7-38	4-7-39
	项　目		隧道内车道	
			引道道路	圆隧道道路
	名　称	单位	消　耗　量	
人工	合计工日	工日	11.195	19.628
	其中 普工	工日	7.275	12.758
	一般技工	工日	2.799	4.907
	高级技工	工日	1.121	1.963
材料	预拌混凝土 C30	m³	10.100	10.100
	木模板	m³	0.070	0.130
	脱模油	kg	0.630	—
	石油沥青胶	kg	25.630	11.280
	低合金钢焊条 E43 系列	kg	0.206	2.959
	草袋	个	50.960	—
	镀锌铁丝 ϕ0.7	kg	0.071	4.088
	水	m³	10.500	4.200
	电	kW·h	150.000	325.000
	其他材料费	%	1.00	1.00
机械	履带式起重机 15t	台班	0.124	—
	木工圆锯机 500mm	台班	0.485	0.454
	门式起重机 10t	台班	—	0.407
	电动空气压缩机 0.6m³/min	台班	—	0.293
	混凝土输送泵车 75m³/h	台班	—	0.308
	混凝土输送泵 30m³/h	台班	—	0.713

三、隧道内装配式混凝土结构

工作内容: 预埋件定位、钢筋笼入模定位;混凝土浇筑、振捣、抹面;蒸养;脱模;场内运输;养护。

计量单位:m³

编　号			4-7-40	4-7-41	4-7-42
项　目			口字型件	中层板	护板
			预制		
名　称		单位	消　耗　量		
人工	合计工日	工日	0.473	0.449	—
	其中 普工	工日	1.396	1.040	1.348
	一般技工	工日	0.736	0.592	0.809
	高级技工	工日	0.053	0.045	—
材料	预拌混凝土 C25	m³	1.010	1.010	1.010
	预埋铁件	kg	17.001	4.202	—
	无纺布	m²	—	4.340	13.000
	塑料薄膜	m²	—	5.396	15.000
	低碳钢焊条 J422 φ3.2	kg	—	0.363	—
	热轧薄钢板(综合)	kg	—	4.192	—
	电	kW·h	1.052	—	—
	其他材料费	%	2.00	2.00	—
机械	门式起重机 10t	台班	—	—	0.036
	门式起重机 40t	台班	—	—	0.046
	门式起重机 50t	台班	0.128	0.184	—
	载重汽车 20t	台班	0.123	—	—
	交流弧焊机 32kV·A	台班	—	0.030	—
	工业锅炉 2t/h	台班	0.100	—	—

工作内容：模板清理；定位加固；打磨，刷油。　　　　　　　　　　计量单位：m²

编　号			4-7-43	4-7-44
项　目			口字型件	中层板
			模板	
名　称		单位	消　耗　量	
人工	普工	工日	0.433	0.246
	一般技工	工日	0.184	0.203
	高级技工	工日	0.026	0.026
材料	钢模板	kg	7.291	0.612
	钢模板连接件	kg	0.007	1.691
	螺栓顶托	个	0.001	0.053
	镀锌六角螺栓（综合）	kg	0.052	0.245
	圆钉	kg	—	0.021
	脱模油	kg	0.110	0.110
	其他材料费	%	2.00	2.00
机械	履带式起重机 15t	台班	—	0.110
	载重汽车 6t	台班	0.013	0.110
	门式起重机 30t	台班	0.015	0.012
	电动空气压缩机 9m³/min	台班	0.016	0.016

工作内容：吊装；定位；加固。 计量单位：m³

编　号			4-7-45	4-7-46	4-7-47
项　目			口字型件	中层板	护板
			安装		
名　称		单位	消　耗　量		
人工	合计工日	工日	—	0.533	—
	其中 普工	工日	0.898	0.936	1.259
	一般技工	工日	0.492	0.890	0.899
	高级技工	工日	0.406	0.045	—
材料	预拌水泥砂浆	m³	0.038	—	—
	混凝土 C40	m³	—	0.158	—
	钢筋 HRB400 以内 φ20~25	kg	—	0.040	—
	预埋铁件	kg	4.202	—	—
	钢轨	kg		0.383	—
	低碳钢焊条（综合）	kg	0.363	0.363	6.346
机械	门式起重机 50t	台班	0.128	0.138	0.146
	叉式起重机 5t	台班	—	—	0.243
	交流弧焊机 32kV·A	台班	0.030	0.030	2.353

主编单位：湖北省建设工程标准定额管理总站

专业主编单位：福建省建设工程造价总站

参编单位：福州市建设工程造价管理站

厦门市建设工程造价管理站

中建海峡建设发展有限公司

北京中昌工程咨询有限公司

福州地铁集团有限公司

中交第二航务工程局有限公司

中国交通建设股份有限公司轨道交通分公司

中铁十九局集团有限公司

福州市规划设计研究院集团有限公司

福建华为工程造价咨询有限公司

计价依据编制审查委员会综合协商组：胡传海　　王海宏　　吴佐民　　王中和　　董士波

冯志祥　　褚得成　　刘中强　　龚桂林　　薛长立

杨廷珍　　汪亚峰　　蒋玉翠　　汪一江

计价依据编制审查委员会专业咨询组：杨廷珍　　汪一江　　潘卓强　　杜泸阳　　庞宗琨

王　梅　　高雄映

编制人员：康　章　　黄玉富　　郑晓东　　方　全　　沈毅敏　　蔡宗荣　　许　星　　叶守霖

蔡　萌　　朱永红　　陈辉阳　　王佳琪　　冯　佳　　卢艳弘　　刘永江　　王吕明

陈绳权　　李学亮　　荆艳丽　　张　曦　　唐元锋　　詹旭成　　朱　辉　　江力工

季玉猛　　曾家福　　熊庆国　　刘琪琼　　熊　杰　　刘琼屿

审查专家：龚桂林　　汪亚峰　　王兆健　　孙　璐　　徐佩莹　　熊淑芳　　徐作民

软件支持单位：成都鹏业软件股份有限公司

软件操作人员：杜　彬　　赖勇军　　可　伟　　孟　涛